"十三五"国家重点出版物出版规划项目

气候变化对我国主要粮食作物影响研究丛书

气候变化对中国
南方水稻影响研究

Climate Change Impacts on Rice Production in Southern China

杨晓光　叶　清　张天一　著

气象出版社

China Meteorological Press

内 容 简 介

本书以气候变化对南方稻作区水稻生产影响为主线,分析了中国南方水稻生长季农业气候资源变化特征,明确了气候变化对南方不同稻作制可能种植北界和不同稻作制气候适宜度的影响,定量了高低温灾害、气溶胶污染对水稻产量的影响程度,揭示了南方水稻光温产量潜力和产量差时空特征,并以南方一年三熟种植敏感带为例,评估了单双季稻种植的产量、资源利用效率和环境效益。

本书内容系统性和创新性强,可供高等院校、科研机构、气象与农业管理部门的科技工作者及关注气候变化与水稻生产的相关人员参考。

图书在版编目(CIP)数据

气候变化对中国南方水稻影响研究 / 杨晓光等著
. -- 北京 : 气象出版社,2021.12
ISBN 978-7-5029-7640-8

Ⅰ. ①气… Ⅱ. ①杨… Ⅲ. ①气候变化-影响-水稻-粮食产量-研究-中国 Ⅳ. ①S511②F326.11

中国版本图书馆CIP数据核字(2021)第266736号

气候变化对中国南方水稻影响研究
Qihou Bianhua dui Zhongguo Nanfang Shuidao Yingxiang Yanjiu

出版发行:气象出版社

地　　址:北京市海淀区中关村南大街 46 号　　　　邮政编码:100081

电　　话:010-68407112(总编室)　010-68408042(发行部)

网　　址:http://www.qxcbs.com　　　　E-mail:qxcbs@cma.gov.cn

责任编辑:张　斌　　　　　　　　　　终　审:吴晓鹏

责任校对:张硕杰　　　　　　　　　　责任技编:赵相宁

封面设计:博雅思企划

印　　刷:北京地大彩印有限公司

开　　本:787 mm×1092 mm　1/16　　　　印　张:8.75

字　　数:224 千字

版　　次:2021 年 12 月第 1 版　　　　　印　次:2021 年 12 月第 1 次印刷

定　　价:80.00 元

序

  粮食安全是国家安全的重要基石,是治国理政的头等大事。习近平总书记多次强调,"中国人的饭碗任何时候都要牢牢端在自己手上,我们的饭碗应该主要装中国粮"。气候资源是我国粮食生产的基本条件,气候变化导致粮食生产的光、温、水、热等气候资源变化,直接影响农作物空间分布、生长速率和产量水平。根据联合国政府间气候变化专门委员会(IPCC)2021年发布的第六次评估报告,气候变暖已成为全球事实,自 1850—1900 年以来,全球地表平均温度已上升约 1℃,且 1970 年以来的上升速度快于其他任何 50 年。我国是全球气候变化的敏感区和影响的显著区,升温速率明显高于同期全球平均水平。气候变化带来的增温明显,高温、低温、干旱和洪涝等极端天气气候事件增多增强,给我国粮食生产带来重要影响。因此,如何科学揭示气候变化对我国粮食生产的影响机理,主动提出应对气候变化的适应策略和路径,成为我国农业高质量发展中需要解决的重大问题之一。

  近年来,我国先后启动了多项气候变化领域的重大研究计划,包括国家 973 计划、全球变化及应对重点专项等,都部署了有关气候变化与粮食生产的研究项目。中国农业大学杨晓光教授及其团队先后承担和参与了这些重大研究项目,围绕气候变化对粮食生产的影响与适应持续开展研究,在气候变化对作物种植界限和品种布局、产量潜力影响、环境效益和温室气体排放以及品种、栽培管理等适应途径等方面,取得了一系列国内外同行高度认可的研究成果,为系统认识气候变化对我国粮食作物生产的影响、制定农业应对气候变化策略提供了科学依据,丰富发展了气候变化对农业影响和适应研究的理论与实践。

  "气候变化对我国主要粮食作物影响研究丛书"正是杨晓光教授团队的最新研究成果之一。该丛书系统分析了气候变化带来的农业气候资源时空变化特征,揭示了气候变化对粮食生产的影响幅度和空间差异,解析了气候变化和技术进步对粮食产量影响的贡献份额,提出了不同区域、不同作物类型应对气候变化的适应途径。该成果体现了多领域融合、多学科交叉、多方法集成的特点,预期为产量—效率—减排协同的气候智慧型农业高质量发展和国家"碳中和"战略实施提供科学支撑。

(中国工程院院士　唐华俊)

2021 年 11 月

前　　言

　　中国南方水稻播种面积占全国水稻总播种面积的 78.4%，随着水稻育种和栽培技术发展，南方水稻产量持续增长，为保障国家稻米安全作出巨大贡献。全球气候变化背景下，极端天气气候事件频发，影响水稻生长季农业气候资源时空格局、稻作制适宜性分布和水稻产量潜力，对南方水稻生产带来重大挑战。明确气候变化对南方稻作制气候适宜度影响，定量水稻产量潜力和产量差，揭示高低温和气溶胶变化特征及其对水稻产量影响程度，评估气候变化背景下单双季稻种植的产量、资源利用效率和环境效应，是南方稻作制布局优化、农业气候资源充分利用、气候智慧型适应、提高产量和固碳减排、保障国家口粮安全的基础研究内容。

　　我们团队围绕气候变化对粮食作物影响与适应持续开展研究，陆续出版了《中国气候资源与农业》《气候变化对中国种植制度影响研究》《中国南方季节性干旱特征及种植制度适应》《气候变化对中国东北玉米影响研究》和《气候变化对中国华北冬小麦影响研究》等专著。在气象出版社支持下，本书入选"十三五"国家重点出版物出版规划项目，作为"气候变化对我国主要粮食作物影响研究丛书"的第三部，主要从气候变化背景下南方水稻生长季农业气候资源变化特征、主要稻作制的可能种植北界和气候适宜度、光温生产潜力、高低温灾害和气溶胶对水稻生产影响，以及单双季稻种植产量、资源效率和环境效益评估等方面，系统论述了气候变化对南方水稻生产的影响。

　　"气候变化对我国主要粮食作物影响研究丛书"是在国家全球变化专项"气候变化对我国粮食生产系统的影响机理及适应机制研究"、973 项目"主要粮食作物高产栽培与资源高效利用的基础研究"、公益性行业（气象）科研专项"气候变化背景下农业气候资源的有效性评估"、"十三五"国家重点研发计划"粮食作物产量与效率层次差异及其丰产增效机理"、国家重点研发计划全球变化及应对专项"全球变化对粮食产量和品质的影响研究"（2019YFA0607402）、国家自然科学基金"气候变化背景下鄱阳湖平原粮食生产力提升机制研究"（31560337）等项目资助下，以及中国农业大学 2115 人才工程的支持下完成的。借此系列图书出版之际，谨向唐华俊院士、张福锁院士、郭建平研究员、周文彬研究员、吴文斌研究员等专家对研究工作的支持与指导表示衷心的感谢！

　　我们虽在气候变化对粮食作物影响与适应领域竭尽所能开展研究，但由于研究的阶段性、气候变化和南方稻作制的复杂性，气候变化对南方水稻影响及适应领域研究和认识还有待不断深入，恳请广大同仁和读者批评指正，以便后续修订，更好地促进粮食作物适应气候变化科学研究。

著者

2021 年 10 月

目　　录

第 1 章 绪 论

1.1 南方水稻种植现状

水稻是我国一半以上人口的主粮,在我国粮食安全中占有重要地位。2019 年我国水稻播种面积为 2969.4 万 hm²,总产量为 2.0961 亿 t,约占世界水稻总产量的 27%,位居世界之首。2015—2019 年我国水稻播种面积位居前 10 的省(区)依次为湖南、黑龙江、江西、安徽、湖北、江苏、四川、广西、广东和云南,10 个省(区)总播种面积 5 年的平均值为 2453.8 万 hm²,占全国水稻总播种面积的 81.2%,除黑龙江外,其余 9 个省(区)均在南方。1978 年以来,南方水稻播种面积在全国占比呈波动性下降趋势,由 1978 年的 94.1% 降低到 2019 年的 78.4%,稻谷产量在全国占比也呈明显下降趋势,从 1978 年的 93.5% 下降到 2019 年的 77.2%,除受社会经济等因素影响外,气候变化是其主要影响因素之一。

全球气候已经并将持续发生变化,气温升高、降水波动性增大,极端天气气候事件频率和强度增加。我国南方稻作区气候温暖、降水丰沛,大部分地区雨热同季。全球气候变化背景下,农业气候资源变化明显,影响双季稻和三季稻种植界限和区域、品种布局和水稻产量。因此,明确南方稻作区水稻生长季气候适宜性、生长季长度的时空分布特征及演变趋势,定量过去和未来气候情景下不同时段主要稻作制可种植北界和种植敏感带空间位移,解析气候变化和主要农业气象灾害对水稻产量影响程度,可为南方主要稻作制的合理布局、品种搭配和水稻稳产增效提供科学依据。

南方 15 省(区、市)1980—2016 年双季早稻、双季晚稻和中稻播种面积、单产和总产变化如图 1.1。由图 1.1 可知,受社会和经济等诸多因素影响,1980—2005 年南方双季早稻播种面积和总产分别以每年 21.4 万 hm² 和 76.5 万 t 的速度减少。2005 年以后国家制定了一系列种粮补贴和耕地保护政策,播种面积减少趋势得到有效遏制,同时,育种和栽培技术进步使单产提高,2005 年以后双季早稻总产以每年 24.7 万 t 的速度增加。1980—2016 年双季晚稻播种面积变化趋势与双季早稻基本一致,2005 年以前呈快速减少趋势,2005 年以后双季晚稻播种面积稳定在 600 万 hm²。双季晚稻总产变化特征与早稻有所不同,1995 年以前呈快速增加趋势,每年增加 112.8 万 t,1995—2003 年呈断崖式减少,与 1995 年相比,2003 年双季晚稻总产减少了 2717 万 t,2003 年以后呈稳定增加趋势。南方中稻播种面积、单产和总产均呈显著增加趋势。1980—2016 年中稻播种面积以每年 8.3 万 hm² 的速度增加,单产以每年 66.3 kg · hm⁻² 的速度增加,总产以每年 113.3 万 t 的速度增加。为了明确南方各区域之间差异,将南方分为长江中下游、西南和华南三个稻作区,下面分别分析各稻作区水稻播种面积、单产和总产的变化。

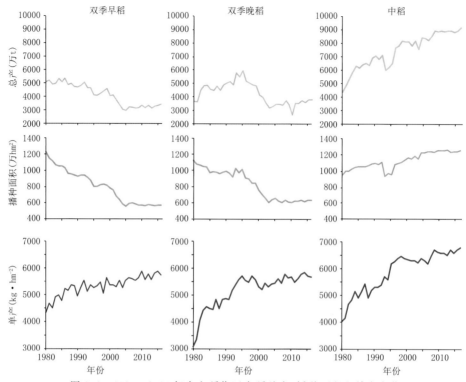

图 1.1　1980—2016 年南方稻作区水稻总产、播种面积和单产变化

（数据来源于《中国农业年鉴 1980》—《中国农业年鉴 2016》和

《中国农业统计资料 1980》—《中国农业统计资料 2016》）

1.1.1　南方各稻作区水稻播种面积变化

1980—2016 年,南方各稻作区水稻播种面积占比和变化幅度如图 1.2 所示。由图 1.2 可见,长江中下游地区水稻总播种面积平均为 1611.3 万 hm²,其中,双季早稻、双季晚稻和中稻的播种面积分别占 30%、31% 和 39%;华南稻作区水稻总播种面积平均为 665.9 万 hm²,其中双季早稻、双季晚稻和中稻的播种面积分别占 46%、46% 和 8%;西南稻作区水稻总播种面积平均为 469.8 万 hm²,以中稻为主(占 97%),双季早稻与双季晚稻仅占 3%。

南方各稻作区早稻播种面积均呈减少趋势,其中,以长江中下游稻作区减少幅度最大,每年减少 11.92 万 hm²;其次为华南稻作区,每年减少 5.75 万 hm²;西南稻作区早稻的播种面积占比最小,每年减少 0.43 万 hm²。双季晚稻的播种面积也呈减少趋势,长江中下游、华南和西南稻作区每年分别减少 10.18 万、5.24 万和 0.26 万 hm²。各稻作区中稻的播种面积变化不一致,其中,长江中下游稻作区呈显著增加趋势,每年增加 9.55 万 hm²;华南稻作区每年减少 0.06 万 hm²,但趋势不显著($p>0.05$);西南稻作区呈显著减少趋势,每年减少 1.19 万 hm²。

1.1.2　南方各稻作区水稻单产变化

南方各稻作区水稻单产核概率密度分布及变化趋势如图 1.3 所示。由图 1.3 可见,1980—2016 年,南方各稻作区水稻单产均呈显著提高趋势($p<0.01$),双季早稻西南稻作区单

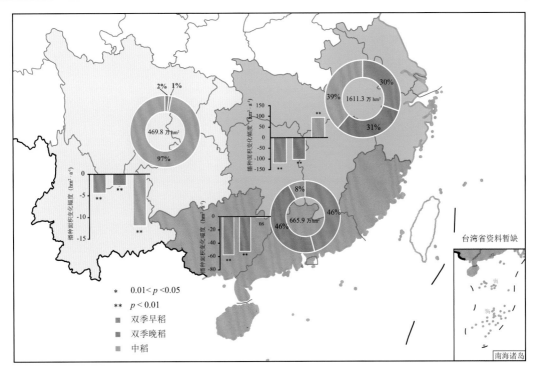

图 1.2　1980—2016 年南方各稻作区水稻播种面积占比及变化幅度
（数据来源同图 1.1）

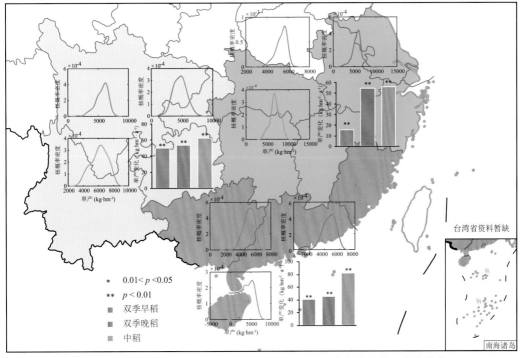

图 1.3　1980—2016 年南方各稻作区水稻单产核概率密度分布及变化趋势
（数据来源同图 1.1）

产增速最大,每年提高 50 kg·hm^{-2};其次为华南稻作区,每年提高 41.2 kg·hm^{-2};长江中下游稻作区增速最小,每年提高 15.6 kg·hm^{-2}。双季晚稻单产提高幅度最大的是长江中下游稻作区,每年提高 54.6 kg·hm^{-2};其次为西南稻作区,每年提高 53.6 kg·hm^{-2};华南稻作区产量提高最小,每年提高 45.5 kg·hm^{-2}。中稻单产提高幅度以华南稻作区最大,其次为西南稻作区,长江中下游的提高幅度最小,分别为每年提高 82.3、62.4 和 56.3 kg·hm^{-2}。

利用核概率密度分布函数计算了各稻作区水稻单产分布如图 1.3 所示,由各稻作区双季早稻、双季晚稻和中稻单产核概率密度曲线图可知,1980—2016 年长江中下游稻作区双季早稻的单产峰值为 5670 kg·hm^{-2},双季晚稻的单产峰值为 6141 kg·hm^{-2},中稻的单产峰值为 6838 kg·hm^{-2}。华南稻作区双季早稻的单产峰值为 5136～5500 kg·hm^{-2},双季晚稻的单产峰值为 5100 kg·hm^{-2},中稻的单产峰值为 5340 kg·hm^{-2};西南稻作区双季早稻、双季晚稻和中稻的单产峰值则分别为 6216、4932 和 6390 kg·hm^{-2}。可见,双季早稻单产最高的是西南稻作区,双季晚稻和中稻单产最高的均为长江中下游稻作区。

1.1.3　南方各稻作区水稻总产变化

南方各稻作区水稻总产和距平变化如图 1.4 所示。由图 1.4 可知,1980—2016 年南方各稻作区水稻总产变化趋势总体一致,其中,1984—1999 年水稻总产比较平稳,年总产稳定在 1.6 亿 t 左右。2000—2003 年连续减产,而 2003—2016 年水稻总产呈显著提高趋势,实现南方水稻总产"十三连增"。

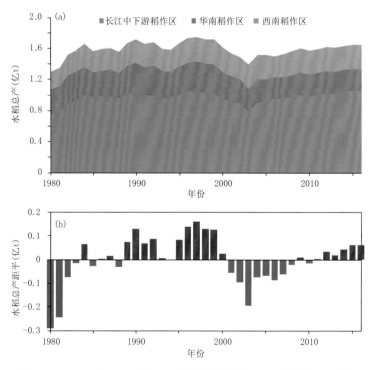

图 1.4　1980—2016 年南方各稻作区水稻总产(a)及其距平(b)变化
(数据来源同图 1.1)

1980—2016 年南方水稻总产距平表明,水稻总产经历了降低、提高、降低、再提高的过程,2001—2010 年是水稻总产低谷期。

南方各稻作区各季水稻总产分布及变化趋势如图 1.5 所示。由图 1.5 可知,1980—2016 年长江中下游稻作区水稻总产平均为 0.96 亿 t,双季早稻、双季晚稻和中稻分别占水稻总产的 26%、29% 和 45%,双季早稻和双季晚稻总产每年分别减少 52.7 万和 31.4 万 t,而中稻总产呈显著增加趋势,每年增加 94.5 万 t;华南稻作区双季早稻、双季晚稻和中稻分别占水稻总产的 47%、44% 和 9%,总产变化趋势与长江中下游地区相似,双季早稻、双季晚稻和中稻的变化幅度分别为 −14.1 万、−9.6 万和 3.3 万 t·a⁻¹;西南稻作区的双季早稻、双季晚稻和中稻分别占水稻总产的 2%、1% 和 97%,其总产变化幅度分别为 −1.7 万、−0.7 万和 15.5 万 t·a⁻¹。

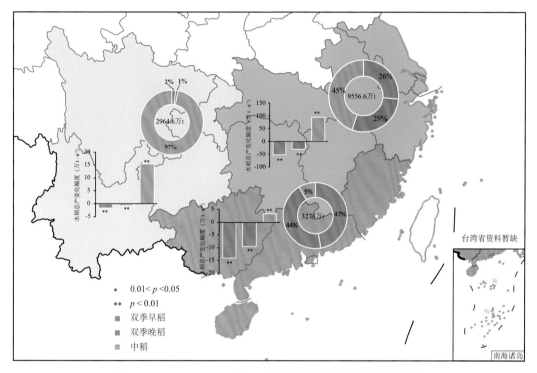

图 1.5 1980—2016 年南方各稻作区水稻总产分布及变化趋势

(数据来源同图 1.1)

1.2 气候变化对南方水稻影响研究进展

1.2.1 气候变化对南方稻作区农业气候资源影响研究进展

农业气候资源直接影响农业生产过程,并在一定程度上影响该地区农业生产结构和布局、作物种类和耕作制度等,最终影响产量高低和农产品质量优劣。在全球气候变化背景下,我国南方稻作区农业气候资源也发生相应变化(赵锦 等,2010)。

(1)气候变化对南方稻作区热量资源的影响

全球气候变化背景下,平均气温升高,热量资源增加(Yang et al.,2015)。1961—2010 年我国水稻生长季平均气温升高 0.47 ℃(Yang et al.,2014),南方稻作区年平均气温总体呈升高趋势,但升高幅度小于北方(Zhang et al.,2012)。其中,长江中下游稻作区平均气温升高趋势最强,平均为 0.23 ℃·(10a)$^{-1}$,其次为西南稻作区,华南稻作区平均气温增幅最小。1960—2010 年南方 15 个省(区、市)年平均气温以重庆市增幅最小,仅为 0.10 ℃·(10a)$^{-1}$(唐晓萍 等,2013),上海市增幅最大,为 0.39 ℃·(10a)$^{-1}$(史军 等,2009),南方稻作区 15 个省(区、市)年平均气温增幅如表 1.1 所示。

表 1.1　南方稻作区 15 个省(区、市)年平均气温升高幅度

稻作区	省(区、市)	研究时段	年平均气温升高幅度 ℃·(10a)$^{-1}$	文献
长江中下游稻作区	上海	1961—2013 年	0.39**	(史军 等,2009)
	江苏	1961—2010 年	0.29**	(朱敏 等,2013)
	安徽	1961—2015 年	0.22**	(刘永婷 等,2017)
	湖北	1961—2010 年	0.16**	(崔杨 等,2020)
	湖南	1960—2010 年	0.15**	(廖玉芳 等,2012)
	江西	1961—2015 年	0.17**	(李柏贞 等,2017)
	浙江	1951—2013 年	0.18**	(肖晶晶 等,2017)
西南稻作区	四川	1961—2016 年	0.20**	(高文波 等,2020)
	重庆	1961—2010 年	0.10**	(唐晓萍 等,2013)
	贵州	1959—2010 年	0.11**	(蒋卓亚,2017)
	云南	1958—2017 年	0.19**	(陈胜,2020)
华南稻作区	福建	1961—2018 年	0.16**	(孙晓航 等,2020)
	广东	1960—2012 年	0.16**	(刘永林 等,2015)
	广西	1960—2012 年	0.12**	(刘永林 等,2015)
	海南	1959—2013 年	0.18**	(孙瑞 等,2016)

注:** 为 $p<0.01$。

与 1961—1970 年相比,2001—2010 年我国稻作区日平均气温≥10 ℃有效积温总体增加 9.4%,东北和西南稻作区增幅大于中部和南部(姜晓剑 等,2011)。1961—2007 年南方各稻作区热量资源变化幅度以华南稻作区最大,其次为长江中下游稻作区,西南稻作区变化幅度最小,但西南稻作区变化幅度空间差异性最大。其中,华南稻作区稳定通过 10 ℃的有效积温气候倾向率为 24～203 ℃·d·(10a)$^{-1}$,平均为 98 ℃·d·(10a)$^{-1}$(李勇 等,2010c);长江中下游稻作区稳定通过 10 ℃的有效积温气候倾向率为 2～190 ℃·d·(10a)$^{-1}$,平均为 74 ℃·d·(10a)$^{-1}$(李勇 等,2010b);西南稻作区稳定通过 10 ℃的有效积温气候倾向率为 -61～249 ℃·d·(10a)$^{-1}$,平均为 55.3 ℃·d·(10a)$^{-1}$(代姝玮 等,2011)。

双季稻和中稻生长季内的热量资源变化特征存在差异。双季早稻生长季内日平均气温和日最高气温升温幅度大于双季晚稻(艾治勇 等,2014)。其中,长江中下游地区双季早稻和双季晚稻生殖生长阶段升温幅度显著高于营养生长阶段,中稻则相反(李建 等,2020)。

(2)气候变化对南方稻作区降水资源的影响

气候变化背景下南方稻作区的降水资源总体呈增加趋势,但趋势不显著。1959—2008

年,南方稻作区年降水量气候倾向率为 4 mm·$(10a)^{-1}$,中东部和西南地区西部年降水量呈增加趋势,四川中东部、云南东部、贵州大部和广西西南部年降水量呈减少趋势(赵锦 等,2010;隋月 等,2012)。其中,1961—2007 年华南稻作区温度生长期内降水量总体呈增加趋势,气候倾向率为 $-44\sim88$ mm·$(10a)^{-1}$,平均为 7.8 mm·$(10a)^{-1}$(李勇 等,2010c);长江中下游稻作区温度生长期内降水量总体呈增加趋势,气候倾向率为 $-31\sim61$ mm·$(10a)^{-1}$,平均为 4 mm·$(10a)^{-1}$(李勇 等,2010b);西南稻作区温度生长期内降水量总体呈减少趋势,气候倾向率为 $-66\sim44$ mm·$(10a)^{-1}$,平均为 -8 mm·$(10a)^{-1}$(代姝玮 等,2011)。

1951 年以来南方稻作区 15 个省(区、市)年降水资源变化趋势空间差异显著。11 个省(市)呈增加趋势,其中,以海南增加趋势最明显,安徽增加趋势最小;4 个省(区、市)呈减少趋势,其中贵州的减少趋势最明显。南方稻作区 15 个省(区、市)年降水量变化趋势如表 1.2 所示。

表 1.2　南方稻作区 15 个省(区、市)年降水量变化趋势

稻作区	省(区、市)	研究时段	年降水量变化趋势 mm·$(10a)^{-1}$	文献
长江中下游稻作区	上海	1961—2013 年	35.6	(史军 等,2015)
	江苏	1961—2010 年	9.1	(朱敏 等,2013)
	安徽	1957—2012 年	1.4	(聂兵 等,2017)
	湖北	1961—2010 年	1.5	(崔杨,2020)
	湖南	1960—2010 年	12.5	(廖玉芳 等,2014)
	江西	1961—2012 年	19.9	(鲁向晖 等,2015)
	浙江	1951—2013 年	26.3	(逯孝强 等,2016)
西南稻作区	四川	1961—2012 年	-9.0	(杜华明 等,2013)
	重庆	1960—2010 年	-19.7	(范莉 等,2013)
	贵州	1959—2013 年	-22.0	(张勇荣 等,2017)
	云南	1958—2017 年	4.7	(陈胜,2020)
华南稻作区	福建	1957—2011 年	8.11	(谢晓平 等,2020)
	广东	1960—2012 年	8.6	(刘永林 等,2015)
	广西	1960—2012 年	-6.6	(刘永林 等,2015)
	海南	1959—2013 年	50.34	(孙瑞 等,2016)

南方稻作区降水年内分布不均,年际波动较大。全球气候变化背景下南方各稻作区的大雨、暴雨和特大暴雨次数增多。

(3)气候变化对南方稻作区光照资源的影响

气候变化背景下南方稻作区日照时数总体呈显著减少趋势。1961—2007 年华南稻作区年日照时数呈显著减少趋势,气候倾向率为 $-3\sim-134$ h·$(10a)^{-1}$,平均为 -57 h·$(10a)^{-1}$(李勇 等,2010c);1961—2010 年长江中下游稻作区年日照时数气候倾向率为 $-155\sim36.6$ h·$(10a)^{-1}$,区域平均为 -68.2 h·$(10a)^{-1}$(张立波,2012);西南稻作区年日照时数的气候倾向率为 $-161\sim63$ h·$(10a)^{-1}$,平均为 -36 h·$(10a)^{-1}$($p<0.01$)(代姝玮 等,2011)。

温度生长期内,华南稻作区年日照时数气候倾向率为 $-120\sim46$ h·$(10a)^{-1}$,平均为 -38 h·$(10a)^{-1}$(李勇 等,2010c);长江中下游稻作区年日照时数气候倾向率则为 $-84\sim78$ h·$(10a)^{-1}$,平均为 -36 h·$(10a)^{-1}$(李勇 等,2010b);西南稻作区年日照时数总体呈增加趋势,气候倾向率为 $-87 \sim 98$ h·$(10a)^{-1}$,平均为 14 h·$(10a)^{-1}$(代姝玮 等,2011)。南方稻作区 15 个省(区、市)年日照时数变化如表 1.3 所示。

表 1.3 南方稻作区 15 个省(区、市)年日照时数变化趋势

稻作区	省(区、市)	研究时段	年日照时数变化趋势 h·$(10a)^{-1}$	文献
长江中下游稻作区	上海	1960—2009 年	−72.9**	(靳利梅,2012)
	江苏	1961—2010 年	−65.4**	(朱敏 等,2013)
	安徽	1955—2015 年	−82.7**	(何彬方 等,2009;于海敬,2018)
	湖北	1960—2012 年	—	—
	湖南	1960—2010 年	−31.6**	(廖玉芳 等,2014)
	江西	1961—2015 年	—	—
	浙江	1961—2010 年	−74.2**	(张立波,2012)
西南稻作区	四川	1961—2012 年	—	—
	重庆	1960—2010 年	−39.0**	(范莉 等,2013)
	贵州	1959—2010 年	−46.7**	(蒋卓亚,2017)
	云南	1961—2010 年	−1.7	(陈胜,2020)
华南稻作区	福建	1961—2018 年	−62.3**	(孙晓航 等,2020)
	广东	1960—2013 年	—	—
	广西	1961—2010 年	−37.6**	(周绍毅 等,2011)
	海南	1959—2013 年	55.3**	(孙瑞 等,2016)

注:** 为 $p < 0.01$;"—"为没有对应数据。

1.2.2 气候变化对农业气候资源有效性和适宜性影响研究进展

(1)气候变化对农业气候资源有效性的影响

已有研究将气候资源有效性研究归纳为气候资源的"质"与"量"两个方面:对气候资源"质"的研究,主要集中在气候资源的利用效率方面;对气候资源"量"的研究,主要集中在作物生长季内气候资源评估。刘庆等(1996)从植物可利用程度角度出发,将资源有效性定义为某一生境提供植物生长发育所需资源的可用度,即资源供应的不同水平,从可供作物利用角度研究资源的"质",从供应水平研究资源的"量"。

周允华等(1996)研究了光合有效辐射与其他气象要素的关系,并提出利用太阳总辐射估算光合有效辐射的气候学模型;前人在对我国不同地区光合有效辐射变化特征研究基础上,提出了适合当地的光合有效辐射经验公式(张宪洲 等,1997;刘允芬 等,2000;张运林 等,2002;刘新安 等,2002;白建辉 等,2004;白建辉,2010)。而国内外对生长季内作物受光量研究主要集中在作物冠层对光合有效辐射截获量估算方法与模型的构建。Ruimy 等(1999)采用叶面积指数和 Beer-Lambert 法则估算作物冠层有效光合辐射截获量;高亮之等(2000)根据作物不同株型的受光率对群体光合量进行了数值模拟。李艳大等(2010)、汤亮等(2012)基于田间试验研究了水稻冠层光合有效辐射截获率和光能利用率。随着遥感技术发展,国内外研究人员利用光谱植被指数估算植被冠层光合有效辐射截获量(Prince,1991;Myneni et al.,1994;

Hanan et al.,1995;Goetz et al.,1999;Bastiaanssen et al.,2003;代辉 等,2005;Moriondo et al.,2007;王登伟 等,2008),为研究区域光合有效辐射截获量提供了方法。

已有研究对热量资源有效性研究主要集中在以下三个方面:①利用大于等于界限温度的日平均气温累积方法计算作物生育期内有效热量,分析气候变化背景下有效热量的变化趋势(王馥棠,1982;刘允芬,1993;缪启龙 等,2009;姜晓艳 等,2011)。已有研究在计算有效热量时大多没有考虑高于上限温度的热量累积对作物生长发育的影响,而这部分热量对水稻生长发育可能有负面影响(韩湘玲 等,1991)。有学者基于作物三基点温度,定义高于作物生长下限并低于作物生长上限的温度为有效温度(余优森 等,1991;Challinor et al.,2004;Tao et al.,2009),采用有效温度累积得到的有效积温与活动积温的比值作为积温有效率,用以表明热量的有效性。②利用"热时"评价作物生育期内有效热量资源,作物生长发育机理模型多用"热时"预测作物生育进程,"生长度日"(Growing Degree-Days,GDD)是"热时"概念的延伸。有研究发现作物生长发育速率与生长度日密切相关(Hartz et al.,1978;Caton et al.,1998;Huang et al.,1998;Liu et al.,1998),研究结果被多个作物生长模型用于预测作物物候和作物产量(McMaster et al.,1997;Caliskan et al.,2008a,2008b)。③从热量利用率角度研究单位有效热量所得到作物产量(Ravindra et al.,2008),董宏儒 等(1988)采用作物生长季热量除以日平均气温≥0 ℃积温计算多熟种植热量利用程度。

Dastane(1978)将降水有效性定义为"某区域降水资源的可利用程度",指出从农业气象学角度出发,降水有效性是指降水对作物需水的满足程度。已有研究总结了降水有效性评价的三类方法:①采用与其他气候要素的匹配状况来评价降水资源的有效性。如,用 10 倍降水量除以日平均气温≥0 ℃积温得到的水热系数或称干燥指数(韩湘玲 等,1991),用月降水量和蒸发量计算得到的桑斯威特指数(Thornthwaite,1948),用年实际蒸散量除以年潜在蒸散量得到的湿润指数(Prentice et al.,1993)。这类方法可评价研究区域水分状况,但不能评价作物生育期内降水有效性。②从满足作物生长发育的需水量角度来评价,将降水有效性定义为某地区降水的可利用程度,即有效降水量占作物需水量的百分比。该方法可评价区域可利用的降水资源对作物生长发育需水满足程度。③从水分生产效率角度,评价降水资源的有效性,即单位降水量的作物产量或经济收入,即降水利用效率。该方法的缺陷是不同作物对降水的截留比例不同,其降水资源的有效性不同,难以评估和比较区域降水资源有效性。

(2)气候变化对南方水稻气候适宜性的影响

气候适宜性综合反映温、光、水等气象条件对作物生长发育的适宜程度(魏瑞江 等,2019)。气候变化背景下气候适宜度也发生相应变化。徐敏等(2019)研究发现气候适宜度与水稻单产有较好的对应关系,其中温度适宜度对水稻单产的影响权重大于降水适宜度和日照适宜度的影响。长江中下游稻作区 1960—2012 年期间双季稻温度适宜度空间分异特征明显,呈增加趋势,双季早稻温度适宜度增幅低于双季晚稻适宜度增幅。江苏省中稻温度适宜度高于降水适宜度和日照适宜度;气候变化背景下除温度适宜度外,降水适宜度、日照适宜度和气候适宜度均呈下降趋势,降水适宜度和温度适宜度空间上呈由南向北递减趋势(谭孟祥 等,2016)。气候要素适宜空间差异明显,安徽省早稻苗期—抽穗开花期降水适宜度由南向北减小,灌浆成熟期降水适宜度分布为中部低、南北高;温度适宜度苗期—分蘖期均为南高北低,拔节—孕穗期则呈西高东低趋势,抽穗开花期和灌浆—成熟期呈南低北高特征;苗期—抽穗开花期日照适宜度由北向南递减,灌浆成熟期日照适宜度呈自东向西增大。苗期—孕穗期综合气候适宜度表现为南高北低特征,最适宜区域由安徽省南部偏北向南和向西延伸;抽穗开花期和灌浆成熟期气候适宜度分布为北高南低。各生育期温度适宜度差异明显,苗期—分蘖期温度适宜度明显低于拔节—灌浆成熟期(王学林 等,2019)。江西双季稻气候适宜度较高,且与气象产量呈显著相关。1961—2010 年江西晚稻的气候适宜度和各气象要素的适宜度明显高于早稻;水稻各生育阶段光照适宜度最大,温度次之,降水最小(黄淑娥 等,2012)。

广东省双季早稻全生育期温度适宜度较高,但播种期和出苗期温度适宜度较低;空间上呈由北向南逐渐提高;且广东省早稻全生育期温度适宜度近 40 年呈增加趋势,表明气候变暖广东早稻全生育期适宜度提高(黄俊 等,2012)。

已有研究表明,贵州清水江流域中稻温度适宜度最高,其次为降水适宜度,日照适宜度最低。中稻幼苗期气候要素适宜度由高到低依次为降水适宜度、温度适宜度和日照适宜度;分蘖期和拔节抽穗期由高到低依次为温度适宜度、降水适宜度和日照适宜度;抽穗开花期和灌浆成熟期由高到低依次为温度适宜度、日照适宜度和降水适宜度,清水江流域中稻最适宜区集中分布于东南及西北部的坝区、阳坡和半阳坡区(尚海龙 等,2017)。

综上所述,南方水稻气候适宜度以温度适宜度为最高,日照适宜度最低;且气候变化背景下温度适宜度呈显著提高趋势。但目前针对南方稻作制的气候适宜度和未来气候情景下的气候适宜度研究尚鲜见报道。

1.2.3　气候变化和农业气象灾害对南方水稻生产影响研究进展

(1)气候变化对南方水稻生产影响

20 世纪 50—70 年代南方地区逐渐形成了稻—麦、稻—油、稻—肥的一年两熟和一年三熟种植制度,20 世纪 80 年代形成立体种植和种养结合模式(章秀福 等,2003)。气候变化背景下南方稻作制种植界限和区域也发生了变化,1981 年以来气候变化使福建省南部水稻各熟制种植区不同程度北移,20 世纪 90 年代尤为明显;未来气温升高 0.5 ℃背景下福建各熟制可种植海拔高度将升高 50 m,相当于北移 0.25 个纬度(陈惠 等,1999)。已有研究发现气候年代际变化是作物种植区域和熟制界限向北移动的主要原因(杨柏 等,1993;邹逸麟,1995;何凡能 等,2010)。我国年平均气温升高 2 ℃背景下南方三熟制安全种植界将移至淮河以南,华南三熟制大部分地区变为热三熟,云贵高原南部两熟制可变为三熟(刘江 等,2002)。在 CO_2 浓度倍增条件下,南方稻作区三熟制种植北界向北推移 500 km。麦—稻两熟区、双季稻种植区和一年三熟水稻产区,若水分条件满足、温度升高,种植北界均向北推移(李淑华,1992;周平,2001)。不同时段、不同区域气候变化对种植界限影响程度不同,与 1951—1980 年相比,1981—2007 年一年三熟制种植北界,空间位移变化最大的为湖南、湖北、安徽、江苏和浙江。浙江、安徽、湖北和湖南双季稻的种植北界向北移动,长江中下游平原和丘陵水田三熟、两熟区种植北界向北向西推进。若不考虑品种和社会经济因素影响,在一年三熟种植敏感带由一年两熟转变为一年三熟,单位面积周年粮食单产平均可增加 27%～58%(杨晓光 等,2010;赵锦等,2010)。随着气候模式发展和作物模型的应用,前人基于气候模式和利用作物模型研究气候变化对熟制的影响。张厚瑄(2000)利用 CO_2 浓度倍增设置未来气候变化情景,基于随机天气发生器生成的未来气候数据研究明确一年两熟、一年三熟适宜种植北界北移,种植面积扩大,到 2050 年由于温度和降水变化我国两熟和三熟种植面积不同程度增加。王馥棠(2003)根据活动积温与种植熟制的关系建立模型,预测 2050 年三熟区将明显向北向西扩展,大部分地区不仅以不同三熟组合方式取代目前两熟制,且北界还将从目前长江流域移至黄河流域,三熟区面积将扩大大约 22.4%。杨晓光等(2011)基于未来气候情景(A1B),研究发现 2011—2040年和 2041—2050 年,南方两熟区和三熟区种植北界北移,其中空间位移最大的在云南、贵州、湖北、安徽、江苏和浙江境内,且 2041—2050 年种植北界北移更为明显。

前人围绕气候变化对水稻生育期和产量影响开展大量研究,取得阶段性结果(Bachelet et al.,1993;Matsui et al.,1997;Ziska,1997;Lobell et al.,2007;Krishnan et al.,2011)。由于研究区域、气候情景、研究方法、作物模型等不同,研究结果各异。研究表明,菲律宾干季日最低气温每升高 1 ℃,水稻产量降低 10%,而日最高气温影响不明显,这是因为夜温升高加大了水稻呼吸消耗和生物量损失(Peng et al.,2004)。气候变化对我国水稻影响区域间存在差异(Zhang et al.,2010),总体而言,对我国南方水稻产量呈显著负面影响。水稻生长季内平均气温升高 1 ℃ 导致南方水稻产量降低 2.52%~3.48%,且未来各种气候情景对南方水稻产量的影响均以减产为主,预计 2050 年减产幅度可能在 2.85%~14.87%(朱红根,2010)。长江中下游地区 2021—2050 年未来 A2 气候情景下水稻产量平均降低 13.8%,未来 B2 气候情景下降低 12.3%,未来 A1B 气候情景下降低 16.4%(王主玉,2011)。安徽水稻产量与生育期内最高、最低气温呈显著负相关,湖南双季早稻产量与 5—7 月最低气温呈正相关(Tao et al.,2006)。在未来 B2 气候情景下,若不考虑 CO_2 肥效作用和种植制度变化,2050 年我国水稻呈减产趋势,雨养和灌溉水稻分别减产 16.4% 和 10.3%,2050 年由于气候变化长江中下游地区单季稻减产幅度较小,而双季稻减产幅度较大,主要是气候渐变过程中生长季升温明显,导致生育期缩短,光合时间减少,呼吸消耗加剧,产量降低(石春林 等,2001)。

(2)农业气象灾害对南方水稻生产影响

我国农业气象灾害具有种类多、发生频率高、影响范围广、持续时间长、经济损失大等特点(郭进修 等,2005)。南方水稻生长季内低温冷害、高温热害、干旱和连阴雨等农业气象灾害频发,严重影响水稻生产(高素华 等,2009)。全球气候变化背景下长江中下游稻作区升温显著,高温、洪涝和季节性干旱等发生频率明显增加。湖北双季稻寒露风、冷害和热害、干旱等发生频率增加。1961—2008 年湖南和湖北省春季重度低温呈上升趋势,影响双季早稻播种育秧,造成烂种烂秧(帅细强 等,2010)。1959—2007 年,贵州省西部和西北部高海拔地区、中部和北部地区的倒春寒强度呈增强趋势(李勇 等,2010a)。

水稻孕穗至抽穗扬花期对温度最敏感,开花期日最高气温超过 35 ℃,持续 2 h 以上,对水稻开花受精产生明显危害(朱兴明 等,1983)。高温热害对我国长江流域双季早稻开花灌浆期、中稻早熟品种孕穗期至抽穗开花影响较大,导致灌浆期缩短,光合速率下降,同化产物积累减少,发生早衰,秕谷粒增加(高亮之 等,1992)。开花前 35 ℃ 持续 24 h 造成双季早稻空壳率达 64.6%,且高温期越靠近开花,危害越重,高温持续时间越长,危害越重。日平均气温≥30 ℃、日最高气温≥35 ℃ 的高温对杂交籼稻影响明显(谭中和 等,1985);开花期高温导致结实率降低主要原因是柱头上花粉粒数减少,花粉萌发率降低。杂交籼稻的高温敏感期为抽穗开花期,尤以开花时最为敏感。水稻不受精开始出现时的气温为 30 ℃,而当气温升至 35 ℃时,则会出现明显的高温障碍现象(西山岩男 等,1982)。双季早稻开花期、结实期和中稻开花期遭遇日平均气温≥30 ℃、日最高气温≥35 ℃ 且持续数天的高温天气,导致幼穗分化期的颖花退化,开花期的高温使散粉后的花粉迅速死亡,柱头干涩,受精不良,结实率下降,灌浆初期的高温使灌浆不完善,半秕粒增多(汤圣祥 等,1998)。开花期遭遇短时 35 ℃ 高温就会使育性大幅度降低,但品种间抗性存在显著差异;灌浆期遭遇≥35 ℃的高温,籽粒接受光合产物能力降低,影响千粒重和品质(森谷国男 等,1992)。另有研究表明,开花期致害温度为34~36 ℃,开花时穗层空气相对湿度也明显影响杂交稻空壳率(许传桢 等,1982)。

南方稻作区冷害时有发生,多见于双季晚稻。低温冷害是指水稻生长季内热量不足或温度下降到低于作物下限温度,生理活动受到障碍,甚至细胞组织受到危害,而导致作物减产的现象(祖世亨,1995),分为延迟性冷害和障碍性冷害两大类(高亮之 等,1992)。低温影响水稻生长发育,水稻开花期低温首先是抑制颖花的张开和花药的裂开,其次是抑制花粉的散落和萌发,致使受精率降低,空秕率增加,造成双季晚稻产量低而不稳(李达模 等,1986)。当穗部温度在22.5 ℃以下时,基本上不能开花(高亮之 等,1992),而穗部温度≤24.0 ℃时,开花数很少(王洪基,1982)。当白天气温为19~23 ℃时,萌发花粉粒减少,花粉管伸长缓慢(高亮之 等,1992)。花期日最高气温为19~23 ℃时,开花结实受到危害,15 ℃时显著影响开花结实,结实率大幅度下降(胡芬,1981)。

1.2.4 不同稻作制效益评价研究进展

水稻生产的经济、社会和环境效益是政府决策部门和生产者普遍关注的问题。已有研究表明,长江中下游地区双季稻和中稻投入产出存在差异。比较而言,双季早稻和双季晚稻的生育期相对较短,单产低;中稻生育期长,单产较高。研究显示,双季早稻和双季晚稻单产之和较中稻单产高50%(陈风波,2007),且投入成本、种植收益也存在差异。水稻生产成本除人工、化肥、农药、灌溉、农机和种子直接成本之外,还包括生产稻谷的其他代价,如化肥农药对环境的污染、水土流失对水道的淤积等(侯增周,2011)。改革开放以来,我国水稻等主要粮食作物生产过程中劳动投入减少了40%~53%,机械投入增加了3~6倍,而劳动力的机会成本增长了近14倍,化肥、机械和其他农业生产资料价格不同程度上升(胡瑞法 等,2001)。1999年我国水稻生产人工费用仍占总成本的43.6%,机械作业费和畜力费分别占总成本的5.67%和5.36%,肥料费占比约为20%,而税金占比为5%(于保平,2001)。化肥投入显著影响水稻单产,但增产并不意味着增收;而劳动用工投入量虽影响产量,但作用较小(黄季焜 等,1994)。农户的生产行为、种植习惯以及水稻品种选择等很大程度上受农户经济收入影响(王怀豫 等,2004)。施氮225 kg·hm^{-2}时,若施氮量占总化肥施用量的比例提高10%,亩[①]成本将提高6.37元,产值下降19.8元;双季早稻、双季晚稻和中稻亩成本将分别增加3.32、7.92和7.86元,其产值分别下降18.43、23.2和17.84元(黄季焜 等,1994)。

许多研究者从不同角度解析了影响水稻种植收益原因。技术创新和技术进步提升水稻产量(黄季焜 等,1993)。农业和粮食政策、种植制度、科技进步和气候条件等均影响水稻产量波动,其中,气候条件对水稻产量波动的影响是不可控因素,综合利用政策、种植制度调整和科技进步等因素对水稻生产有促进作用,可减小产量波动幅度,保障水稻生产稳定(方福平 等,2005)。由于劳动力机会成本增加和水稻种植成本提高,长江中下游地区普遍存在"双改单",如浙江双季早稻、中稻和双季晚稻播种面积在总播种面积中占比由1998年的37.3%、20.4%和42.3%变为2002年的18.8%、58.1%和23.1%,中稻成为水稻主体种植模式(方福平 等,2004)。种植业结构调整有利于收入再分配,而劳动力机会成本会显著影响作物种植结构调

---

① 1亩=1/15 hm²,下同

整,种植业结构调整同时受到地理区位和交通基础设施建设影响(董晓霞 等,2006)。

还有研究者从环境效益方面研究分析了水稻种植对环境的影响。水稻生产过程中化肥和农药使用带来地表水和地下水污染、水体富营养化等问题;水稻生产过程中温室气体排放、秸秆焚烧污染环境等(侯增周,2011)。在一定范围内的亏缺灌溉,可以减少因灌溉引起的水肥损失(Braunworth et al.,1987),"最佳施肥量"在不显著降低产量的同时,减少氮素残留以及对地下水的污染(Lord,1992)。许多研究者分析了不同施氮量和不同灌溉方式对稻田甲烷和氮氧化物排放的影响(焦燕 等,2005;彭世彰 等,2007;李道西,2007)。由此可见,对比分析一年三熟种植敏感带中稻和双季稻的经济、社会和环境效益,探讨基于不同目标下种植方式,提出现在和未来气候情景下一年三熟种植敏感带中稻和双季稻的布局建议,对于提高农民收入、保护生态环境和保障国家粮食安全具有重要意义。

1.3 小结

南方是我国水稻主产区,在国家口粮安全中占有重要地位。气候变化背景下南方稻作区农业气候资源时空格局改变,气候适宜性和气候适宜度、双季稻种植界限发生变化,高温热害和低温冷害对水稻生产带来直接影响。本书揭示南方水稻生长季内农业气候资源时空分布特征及演变趋势,定量过去和未来不同时段主要稻作制可种植北界及种植敏感带空间位移,解析气候变化和主要农业气象灾害对水稻产量影响程度,比较和评价双季稻种植界限敏感带经济、社会和环境效益,为南方主要稻作制的合理布局、品种搭配、稳产增效提供科学依据。

参 考 文 献

艾治勇,郭夏宇,刘文祥,等,2014. 农业气候资源变化对双季稻生产的可能影响分析[J]. 自然资源学报,29(12):2089-2102.

白建辉,2010. 栾城地区光合有效辐射的测量与计算[J]. 中国农业气象,31(2):211-218.

白建辉,王庚辰,2004. 内蒙古草原光合有效辐射的计算方法[J]. 环境科学研究,17(6):5-18,34.

陈凤波,2007. 水稻种植模式变迁对中国南方地区水稻产量的影响[J]. 新疆农垦经济(8):6-10.

陈惠,林添忠,蔡文华,1999. 气候变化对福建粮食种植制度的影响[J]. 福建农业科技(1):6-7.

陈胜,2020. 云南省 60 年气候变化特征分析[J]. 科技与创新(1):67-69,73.

崔杨,崔利芳,2020. 近 50 年湖北省气温、降水量变化趋势的时空分布特征研究[J]. 黄冈师范学院学报,40(3):80-86.

代辉,胡春胜,程一松,等,2005. 不同氮水平下冬小麦农学参数与光谱植被指数的相关性[J]. 干旱地区农业研究,23(4):16-21.

代姝玮,杨晓光,赵孟,等,2011. 气候变化背景下中国农业气候资源变化Ⅱ. 西南地区农业气候资源时空变化特征[J]. 应用生态学报,22(2):442-452.

董宏儒,邓振镛,1988. 带田农业气候资源的利用[M]. 北京:气象出版社.

董晓霞,黄季焜,ROZELLE S,等,2006. 地理区位、交通基础设施与种植业结构调整研究[J]. 管理世界(9):59-63,79.

杜华明,延军平,2013. 四川省气候变化特征与旱涝区域响应[J]. 资源科学,35(12):2491-2500.

范莉,王勇,张天宇,2013. 近 50 年重庆市农业气候资源变化特征分析[J]. 长江流域资源与环境,22(1):88-93.

方福平,王磊,廖西元,2005. 中国水稻生产波动及其成因分析[J]. 农业技术经济(6):72-78.

方福平,章秀福,王丹英,等,2004. 浙江省水稻生产潜力及科技对策探讨[J]. 浙江农业科学(5):3-5.

高亮之,李林,1992. 水稻气象生态学[M]. 北京:中国农业出版社.

高亮之,金之庆,张更生,等,2000. 水稻最佳株型群体受光量与光合量的数值模拟[J]. 江苏农业学报,16(1):1-9.

高素华,王培娟,2009. 长沙中下游高温热害及对水稻的影响[M]. 北京:气象出版社.

高文波,何鹏,林正雨,等,2020. 气候变化背景下四川省热量资源时空变化特征研究[J]. 农业大数据学报,2(1):60-69.

郭进修,李泽椿,2005. 我国气象灾害的分类与防灾减灾对策[J]. 灾害学,20(4):106-110.

韩湘玲,曲曼丽,1991. 作物生态学[M]. 北京:气象出版社.

何彬方,冯妍,荀尚培,等,2009. 安徽省50年日照时数的变化特征及影响因素[J]. 自然资源学报,24(7):1275-1285.

何凡能,李柯,刘浩龙,2010. 历史时期气候变化对中国古代农业影响研究的若干进展[J]. 地理研究,29(12):183-191.

侯增周,2011. 农业生产外部环境成本的经济分析——以水稻生产为例[J]. 中国农业会计(2):34-36.

胡芬,1981. 水稻花期低温冷害的气象指标与机理[J]. 中国农业科学,14(2):60-64.

胡瑞法,黄季焜,2001. 农业生产投入要素结构变化与农业技术发展方向[J]. 中国农村观察(15):9-16.

黄季焜,ROZELLE S,1993. 技术进步和农业生产发展的原动力:水稻生产力增长的分析[J]. 农业技术经济(6):23-31.

黄季焜,陈庆根,王巧军,1994. 探讨我国化肥合理施用结构及对策——水稻生产函数模型分析[J]. 农业技术经济(5):36-40.

黄俊,翟志宏,陈慧华,2012. 气候变化背景下广东早稻温度适宜度的变化特征[J]. 广东气象,34(3):60-63.

黄淑娥,田俊,吴慧峻,2012. 江西省双季水稻生长季气候适宜度评价分析[J]. 中国农业气象,33(4):527-533.

姜晓剑,汤亮,刘小军,等,2011. 中国主要稻作区水稻生产气候资源的时空特征[J]. 农业工程学报,27(7):238-245,395-396.

姜晓艳,张菁,高杰,等,2011. 沈阳地区农作物生长季热量资源变化特征[J]. 气象与环境学报,27(2):19-24.

蒋卓亚,2017. 贵州省平均气温和光照时空变化特征分析[J]. 气候变化研究快报,6(2):116-129.

焦燕,黄耀,宗良纲,等,2005. 氮肥水平对不同土壤 CH_4 排放的影响[J]. 环境科学,26(3):21-24.

靳利梅,2012. 近50年上海地区日照时数的变化特征及影响因素[J]. 气象科技,40(2):293-298.

李柏贞,孔萍,占明锦,等,2017. 1961—2015年江西省气温变化特征分析[J]. 气象与减灾研究,40(3):184-192.

李达模,于新民,王洪春,1986. 水稻开花期冷害机理与鉴定指标的研究[J]. 中国农业科学,19(2):12-17.

李道西,2007. 控制灌溉稻田甲烷排放规律及其影响机理研究[D]. 常州:河海大学.

李建,江晓东,杨沈斌,等,2020. 长江中下游地区水稻生长季节内农业气候资源变化[J]. 江苏农业学报,36(1):99-107.

李淑华,1992. 气候变暖对我国农作物病虫害发生、流行的可能影响及发生趋势展望[J]. 中国农业气象,13(2):46-49.

李艳大,汤亮,张玉屏,等,2010. 水稻冠层光截获与叶面积和产量的关系[J]. 中国农业科学,43(16):3296-3305.

李勇,杨晓光,代姝玮,等,2010a. 气候变化背景下贵州省倒春寒灾害时空演变特征[J]. 应用生态学报,21(8):2099-2108.

李勇,杨晓光,代姝玮,等,2010b. 长江中下游地区农业气候资源时空变化特征[J]. 应用生态学报,21(11):2912-2921.

李勇,杨晓光,王文峰,等,2010c.气候变化背景下中国农业气候资源变化Ⅰ.华南地区农业气候资源时空变化特征[J].应用生态学报,21(10):2605-2614.

廖玉芳,彭嘉栋,崔巍,2012.湖南农业气候资源对全球气候变化的响应分析[J].中国农学通报,28(8):287-293.

廖玉芳,彭嘉栋,郭庆,2014.湖南气候对全球气候变化的响应[J].大气科学学报,37(1):75-81.

刘江,许秀娟,2002.气象学:北方本[M].北京:中国农业出版社.

刘庆,钟章成,1996.斑苦竹无性系生长与水分供应及其适应对策的研究[J].植物生态学报,20(3):245-254.

刘新安,范辽生,王艳华,等,2002.辽宁省太阳辐射的计算方法及其分布特征[J].资源科学,24(1):82-87.

刘永林,延军平,2015.1960—2012年气温突变下的两广地区干湿演变[J].浙江大学学报(理学版),42(5):584-594.

刘永婷,徐光来,尹周祥,等,2017.全球变化背景下安徽近55 a气温时空变化特征[J].自然资源学报,32(4):680-691.

刘允芬,1993.现代气候变化对中国热量资源的影响[J].自然资源学报,8(2):166-175.

刘允芬,张宪洲,周允华,等,2000.西藏高原田间冬小麦的表观光合量子效率[J].生态学报,20(1):35-38.

鲁向晖,白桦,吕娅,等,2015.江西省历史气象分析及未来气候变化预测[J].水土保持研究,22(4):293-297.

逯孝强,陈永金,海建航,等,2016.浙江省1951—2013年气候变化研究[J].曲阜师范大学学报(自然科学版),42(3):83-89.

缪启龙,丁园圆,王勇,等,2009.气候变暖对中国热量资源分布的影响分析[J].自然资源学报,24(5):934-944.

聂兵,沈非,徐光来,等,2017.安徽省近50年降水时空变化分析[J].安徽师范大学学报(自然科学版),40(6):574-579.

彭世彰,李道西,徐俊增,等,2007.节水灌溉模式对稻田CH_4排放规律的影响[J].环境科学,28(1):9-13.

森谷国男,徐正进,1992.水稻高温胁迫抗性遗传育种研究概况[J].杂交水稻(1):47-48.

尚海龙,顾永泽,2017.清水江流域稻植气候适宜度时空变化分析[J].南方农业学报,48(1):100-108.

石春林,金之庆,葛道阔,等,2001.气候变化对长江中下游平原粮食生产的阶段性影响和适应性对策[J].江苏农业学报,17(1):4-9.

史军,崔林丽,田展,2009.上海高温和低温气候变化特征及其影响因素[J].长江流域资源与环境,18(12):1143-1148.

史军,崔林丽,杨涵洧,等,2015.上海气候空间格局和时间变化研究[J].地球信息科学学报,17(11):1348-1354.

帅细强,蔡荣辉,刘敏,等,2010.近50年湘鄂双季稻低温冷害变化特征研究[J].安徽农业科学,(15):347-350.

隋月,黄晚华,杨晓光,等,2012.气候变化背景下中国南方地区季节性干旱特征与适应Ⅰ.降水资源演变特征[J].应用生态学报,23(7):1875-1882.

孙瑞,吴志祥,陈帮乾,等,2016.近55年海南岛气候要素时空分布与变化趋势[J].气象研究与应用,37(2):1-7.

孙晓航,丘永杭,黄奇晓,等,2020.福建省近60年日照时数时空变化特征及未来趋势分析[J].福建农林大学学报(自然科学版),49(5):712-720.

谭孟祥,景元书,曹海宁,2016.江苏省一季稻生长季气候适宜度及其变化趋势分析[J].江苏农业科学,44(1):349-353.

谭中和,蓝泰源,1985.杂交籼稻开花期高温危害及其对策的研究[J].作物学报,11(2):103-108.

汤亮,朱相成,曹梦莹,等,2012.水稻冠层光截获、光能利用与产量的关系[J].应用生态学报,23(5):1269-1276.

汤圣祥,闵绍楷,1998. 水稻品种改良技术讲座(9):耐逆境育种[J]. 中国稻米,4(3):38-39.

唐晓萍,陈志军,何泽能,2013. 1961—2010 年重庆地区气温和总辐射变化分析[J]. 高原山地气象研究,33(3):43-47.

王登伟,黄春燕,马勤建,等,2008. 棉花高光谱植被指数与 LAI 和地上鲜生物量的相关分析[J]. 中国农学通报,24(3):426-429.

王馥棠,1982. 近百年我国积温的变化与作物产量[J]. 地理学报,37(3):272-280.

王馥棠,2003. 气候变化对农业生态的影响[M]. 北京:气象出版社.

王洪基,1982. 杂交水稻开花的气象条件与调节措施初报[J]. 中国农业气象,4(4):65.

王怀豫,陈传波,丁士军,等,2004. 稻农生产的经济行为差异分析——以湖北省五县为例[J]. 农业技术经济(4):35-39.

王学林,柳军,黄琴琴,等,2019. 基于模糊数学的安徽双季早稻生长季气候适宜性评价[J]. 江苏农业科学,47(7):54-60.

王主玉,2011. 未来气候变化对长江中下游稻区水稻生产的影响研究[D]. 南京:南京信息工程大学.

魏瑞江,王鑫,2019. 气候适宜度国内外研究进展及展望[J]. 地球科学进展,34(6):28-39.

西山岩男,赵贵彬,凌天行,1982. 水稻高温障碍的研究[J]. 国外农学——水稻(5):17-20.

肖晶晶,郭芬芬,李正泉,等,2017. 1951—2013 年浙江热量资源变化研究[J]. 气象与环境科学,40(3):110-118.

谢晓平,刘光生,2020. 近 60 年来福建省降雨时空分布特征[J]. 水电能源科学,38(8):5-8.

徐敏,徐乐,巫丽君,等,2019. 江苏省水稻产量结构变化特征及与综合气候适宜度的关系[J]. 江苏农业科学,47(15):103-108.

许传桢,元生朝,蔡士玉,1982. 高温对杂交水稻结实率的影响[J]. 华中农业大学学报(2):1-8.

杨柏,李世奎,霍治国,1993. 近百年中国亚热带地区农业气候带界限动态变化及其对农业生产的影响[J]. 自然资源学报,8(3):193-203.

杨晓光,刘志娟,陈阜,2010. 全球气候变暖对中国种植制度可能影响 I. 气候变暖对中国种植制度北界和粮食产量可能影响的分析[J]. 中国农业科学,43(2):329-336.

杨晓光,刘志娟,陈阜,2011. 全球气候变暖对中国种植制度可能影响 Ⅵ. 未来气候变化对中国种植制度北界的可能影响[J]. 中国农业科学,44(8):1562-1570.

于保平,2001. 我国水稻生产的成本效益及前景展望[J]. 中国稻米,7(3):9-11.

于海敬,2018. 安徽省近 45 年日照时数时空分布及太阳辐射模拟优化[D]. 合肥:安徽农业大学.

余优森,葛秉钧,任三学,1991. 我国亚热带西部山区积温有效性研究[J]. 气象,9(9):21-25.

张厚瑄,2000. 中国种植制度对全球气候变化响应的有关问题 I. 气候变化对我国种植制度的影响[J]. 中国农业气象,21(1):9-13.

张立波,2012. 近 50 年浙江省日照时数的时空特征及影响因素[J]. 浙江农业科学,1(10):1448-1452.

张宪洲,周允华,1997. 青藏高原 4 月—10 月光合有效量子值的气候学计算[J]. 地理学报,52(4):361-365.

张勇荣,马士彬,闫利会,2017. 贵州省近 55 年降水事件变化特征[J]. 长江科学院院报,34(1):40-44.

张运林,秦伯强,2002. 太湖地区光合有效辐射(PAR)的基本特征及其气候学计算[J]. 太阳能学报,23(1):118-123.

章秀福,王丹英,2003. 我国稻—麦两熟种植制度的创新与发展[J]. 中国稻米,9(2):3-5.

赵锦,杨晓光,刘志娟,等,2010. 全球气候变暖对中国种植制度可能影响 Ⅱ. 南方地区气候要素变化特征及对种植制度界限可能影响[J]. 中国农业科学,43(9):1860-1867.

中华人民共和国农业部,1980—2016. 中国农业年鉴[J]. 北京:中国农业出版社.

中华人民共和国农业部,1980—2016. 中国农业统计资料[J]. 北京:中国农业出版社.

周平,2001. 全球气候变化对我国农业生产的可能影响与对策[J]. 云南农业大学学报(自然科学),16(1):

1-4.

周绍毅,徐圣璇,黄飞,等,2011. 广西农业气候资源的长期变化特征[J]. 中国农学通报,27(27):168-173.

周允华,项月琴,1996. 光合有效量子通量密度的气候学计算[J]. 气象学报,54(4):447-455.

朱红根,2010. 气候变化对中国南方水稻影响的经济分析及其适应策略[D]. 南京:南京农业大学.

朱敏,袁建辉,2013. 1961—2010 年江苏省农业气候资源演变特征[J]. 气象与环境学报,29(3):69-77.

朱兴明,曾庆曦,宁清利,1983. 自然高温对杂交稻开花受精的影响[J]. 中国农业科学,16(2):37-44.

邹逸麟,1995. 明清时期北部农牧过渡带的推移和气候寒暖变化[J]. 复旦学报(社会科学版)(1):25-33.

祖世亨,1995. 黑龙江省农作物冷害气候区划(一)——冷害指标分析[J]. 黑龙江气象(3):42-45.

BACHELET D,NEUE H U,1993. Methane emissions from wetland rice areas of Asia [J]. Chemosphere,26 (1-4):219-237.

BASTIAANSSEN W G M,ALI S,2003. A new crop yield forecasting model based on satellite measurements applied across the Indus Basin,Pakistan [J]. Agriculture,Ecosystems & Environment,94(3):321-340.

BRAUNWORTH W S,MACK H J,1987. Evapotranspiration and yield comparisons among soil-water-balance and climate-based equations for irrigation scheduling of sweet corn [J]. Agronomy Journal,79(5):837-841.

CALISKAN S,CALISKAN M E,ARSLAN M,et al,2008a. Effects of sowing date and growth duration on growth and yield of groundnut in a Mediterranean-type environment in Turkey [J]. Field Crops Research, 105(1):131-140.

CALISKAN S,CALISKAN M E,ERTURK E,et al,2008b. Growth and development of Virginia type groundnut cultivars under Mediterranean conditions [J]. Acta Agriculturae Scandinavica,Section B,Soil and Plant Science,58(2):105-113.

CATON B P,FOIN T C,GIBSON K D,et al,1998. A temperature-based model of direct-,water-seeded rice (*Oryza sativa*) stand establishment in California [J]. Agricultural and Forest Meteorology,90(1):91-102.

CHALLINOR A J,WHEELER T R,CRAUFURD P Q,et al,2004. Design and optimisation of a large-area process-based model for annual crops [J]. Agricultural and Forest Meteorology,124(1-2):99-120.

DASTANE N G,1978. Effective Rainfall in Irrigated Agriculture [M]. Rome:Food and Agriculture Organization of the United Nations.

GOETZ S J,PRINCE S D,GOWARD S N,et al,1999. Satellite remote sensing of primary production:An improved production efficiency modeling approach [J]. Ecological Modelling,122(3):239-255.

HANAN N P,PRINCE S D,BEGUE A,1995. Estimation of absorbed photosynthetically active radiation and vegetation net production efficiency using satellite data [J]. Agricultural and Forest Meteorology,76(3): 259-276.

HARTZ T K,MOORE F D,1978. Prediction of potato yield using temperature and insolation data [J]. American Potato Journal,55(8):431-436.

HUANG Y,GAO L Z,JIN Z Q,et al,1998. Simulating the optimal growing season of rice in the Yangtze River Valley and its adjacent area,China [J]. Agricultural and Forest Meteorology,91(3):251-262.

KRISHNAN P,RAMAKRISHNAN B,REDDY K R,et al,2011. High-temperature effects on rice growth, yield,and grain quality [J]. Advances in Agronomy,111:87-206.

LIU D L,KINGSTON G,BULL T A,1998. A new technique for determining the thermal parameters of phenological development in sugarcane,including suboptimum and supra-optimum temperature regimes [J]. Agricultural and Forest Meteorology,90(1):119-139.

LOBELL D B,FIELD C B,2007. Global scale climate-Crop yield relationships and the impacts of recent warming [J]. Environmental Research Letters,2(1):1-7.

LORD E I,1992. Modelling of nitrate leaching:Nitrate sensitive areas [J]. Aspects of Applied Biology,30:19-28.

MATSUI T,NAMUCO O S,ZISKA L H,et al,1997. Effects of high temperature and CO_2 concentration on spikelet sterility in Indica rice [J]. Field Crops Research,51(3):213-219.

MCMASTER G S,WILHELM W W,1997. Growing degree-days:One equation,two interpretations [J]. Agricultural and Forest Meteorology,87(4):291-300.

MORIONDO M,MASELLI F,BINDI M,2007. A simple model of regional wheat yield based on NDVI data [J]. European Journal of Agronomy,26(3):266-274.

MYNENI R B,WILLIAMS D L,1994. On the relationship between FAPAR and NDVI [J]. Remote Sensing of Environment,49(3):200-211.

PENG S,HUANG J,SHEEHY J E,et al,2004. Rice yields decline with higher night temperature from global warming [J]. PNAS,101(27):9971-9975.

PRENTICE I C, SYKES M T, CRAMER W, 1993. A simulation model for the transient effects of climate change on forest landscapes [J]. Ecological Modelling,65(1):51-70.

PRINCE S D,1991. Satellite remote sensing of primary production:Comparison of results for Sahelian grasslands 1981-1988 [J]. International Journal of Remote Sensing,12(6):1301-1311.

RAVINDRA G M,SRIDHARA S,GIRIJESH G K,et al,2008. Weed biology and growth analysis of *Celosia argentea* L.,a weed associated with groundnut and finger millet crops in southern India [J]. Communications in Biometry and Crop Science,3(2):80-87.

RUIMY A,KERGOAT L,BONDEAU A,et al,1999. Comparing global models of terrestrial net primary productivity(NPP):Analysis of differences in light absorption and light-use efficiency [J]. Global Change Biology,5(S1):56-64.

TAO F,YOKOZAWA M,XU Y L,et al,2006. Climate changes and trends in phenology and yields of field crops in China,1981-2000 [J]. Agricultural and Forest Meteorology,138(1-4):82-92.

TAO F,ZHANG Z,LIU J Y,et al,2009. Modelling the impacts of weather and climate variability on crop productivity over a large area:A new super-ensemble-based probabilistic projection [J]. Agricultural and Forest Meteorology,149(8):1266-1278.

THORNTHWAITE C W,1948. An approach toward a rational classification of climate [J]. Geographical Review,38:55-94.

YANG J,XIONG W,YANG X G,et al,2014. Geographic variation of rice yield response to past climate change in China [J]. Journal of Integrative Agriculture,13(7):1586-1598.

YANG X G,CHEN F,LIN X M,et al,2015. Potential benefits of climate change for crop productivity in China [J]. Agricultural and Forest Meteorology,208:76-84.

ZHANG T Y,HUANG Y,2012. Impacts of climate change and inter-annual variability on cereal crops in China from 1980 to 2008 [J]. Journal of the Science of Food and Agriculture,92(8):1643-1652.

ZHANG T Y,ZHU J,WASSMANN R,2010. Responses of rice yields to recent climate change in China:An empirical assessment based on long-term observations at different spatial scales(1981-2005)[J]. Agricultural and Forest Meteorology,150(7-8):1128-1137.

ZISKA L H,1997. Growth and yield response of field-grown tropical rice to increasing carbon dioxide and air temperature [J]. Agronomy Journal,89(1):45-53.

第 2 章　研究方法

　　本章集中介绍了全书涉及的研究指标和计算方法,包括农业气候资源分析、水稻生长季确定、气候适宜度、一年三熟种植北界、水稻产量差、水稻高温和低温灾害、水稻种植效益评价以及水稻模型(ORYZA)在南方稻作区水稻的适用性。

　　本书研究区域为我国南方地区,涵盖江苏、安徽、上海、浙江、湖北、湖南、江西、重庆、四川、贵州、云南、福建、广西、广东和海南 15 个省(区、市),其中,第 3 章为南方水稻可种植区;第 6 章和第 7 章为一年三熟种植敏感带,以长江中下游的湖北、安徽、江苏 3 个省为主。空间尺度为县域和南方稻作区两个空间单元。南方稻作区是依据《中国耕作制度区划》(刘巽浩 等,1987)与《中国农作制》(刘巽浩 等,2005)确定。本书使用的高程数据(DEM 数据)来源于中国科学院计算机网络信息中心地理空间数据云平台(http://www.gscloud.cn);研究区域地图转绘自国家基础地理信息中心的标准地图服务网(http://bzdt.ch.mnr.gov.cn)下载的审图号为 GS(2019)1823 号的 1∶4800 万中国地图;历史气象数据来自中国气象数据网(http://data.cma.cn)的逐日气象资料;未来气候情景数据来源于国家气候中心,水稻作物资料来源于中国气象局农业气象观测站。研究区域气象和农业气象观测站点分布以及南方稻作制分区和海拔高度如图 2.1 所示。

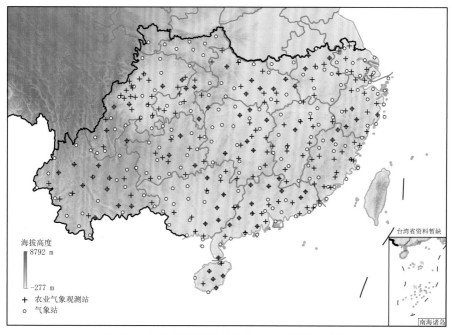

图 2.1　研究区域气象站和农业气象观测站分布

2.1 农业气候资源分析指标和计算方法

2.1.1 光合有效辐射

(1)太阳总辐射计算

由于气象站有日照时数观测,但没有太阳辐射观测,本书采用 Ångström 方程(Ångström,1924)将日照时数换算为太阳总辐射,Ångström 方程中 a 和 b 利用已有研究结果(朱旭东 等,2010),太阳总辐射的计算公式如下:

$$Q = \left(a + b\frac{n}{N}\right)Q' \tag{2.1}$$

式中,Q 为太阳总辐射(MJ·m^{-2}·d^{-1});Q' 为天文辐射(MJ·m^{-2}·d^{-1});n 为实际日照时数(h);N 为可照时数(h);a 和 b 为经验系数,取值见表 2.1。

天文辐射参考左大康等(1963)的计算方法:

$$Q' = \frac{1}{\pi}G_{SC}E_{OB}(\cos\varphi\cos\delta\sin\omega + \omega\sin\varphi\sin\delta) \tag{2.2}$$

$$E_{OB} = 1.0011 + 0.034221\cos\frac{2\pi(J-1)}{365} + 0.00128\sin\frac{2\pi(J-1)}{365} +$$

$$0.000719\cos\frac{4\pi(J-1)}{365} + 0.000077\sin\frac{4\pi(J-1)}{365} \tag{2.3}$$

式中,G_{SC} 为太阳常数,取 118.108 MJ·m^{-2}·d^{-1};E_{OB} 为地球轨道偏心率校正因子;φ 为纬度(rad);ω 为时角(rad);δ 为太阳赤纬(rad);J 为日序。

可照时数(N)、时角(ω)、太阳赤纬(δ)参考 Allen 等(1998)的计算方法,即:

$$N = \frac{24}{\pi}\omega \tag{2.4}$$

$$\omega = \arccos(-\tan\varphi\tan\delta) \tag{2.5}$$

$$\delta = 0.409\sin\left(\frac{2\pi}{365}J - 1.39\right) \tag{2.6}$$

(2)光合有效辐射计算

根据光合有效系数(η)与晴空指数的相关关系(式(2.7),何洪林 等,2003),利用已有研究(何洪林 等,2003;朱旭东 等,2010),将 c、d 系数代入式(2.7),获取光合有效系数 η,并用太阳总辐射乘以光合有效系数计算光合有效辐射,如式(2.8)。

$$\eta = c + d\frac{Q}{Q'} \tag{2.7}$$

$$Q_{PAR} = Q\eta \tag{2.8}$$

式中,η 为光合有效系数;Q_{PAR} 为光合有效辐射;c 和 d 为经验系数,取值见表 2.1。

表 2.1 南方各稻作区计算光合有效辐射的经验系数

经验系数	长江中下游	华南	西南
a	0.152	0.161	0.202
b	0.574	0.540	0.535

经验系数	长江中下游	华南	西南
c	0.371	0.383	0.374
d	−0.041	−0.049	−0.037

2.1.2　热量资源分析指标和计算方法

以日平均气温和温度生长期内日平均气温≥10 ℃有效积温评价热量资源。有效积温的计算如下：

$$A = \sum_{i=1}^{n}(T_i - 10) \qquad T_i \geqslant 10 \tag{2.9}$$

式中，A 为日平均气温≥10 ℃有效积温（℃·d）；n 为统计时段内日数（d）；T_i 为第 i 天的日平均气温（℃）。

2.1.3　水分资源分析指标和计算方法

以年降水量、温度生长期内降水量、参考作物蒸散量和作物需水量评价研究区域内水分资源。

（1）参考作物蒸散量的定义和计算方法

参考作物蒸散量是指假设平坦地面被特定低矮绿色作物（高 0.12 m，地面反射率为 0.23）全部覆盖、土壤充分条件下的蒸散量。本书采用联合国粮农组织（FAO）推荐的 Penman-Monteith 公式计算（Doorenbos et al.，1977）：

$$ET_0 = \frac{0.408\Delta(R_n - G) + \gamma\dfrac{900}{\overline{T}+273}U_2(e_s - e_a)}{\Delta + \gamma(1 + 0.34U_2)} \tag{2.10}$$

式中，ET_0 为参考作物蒸散量（mm·d⁻¹）；R_n 为到达作物表面的净辐射（MJ·m⁻²·d⁻¹）；G 为土壤热通量密度（MJ·m⁻²·d⁻¹）；$\overline{T}$ 为作物冠层 2 m 高处的日平均气温（℃）；U_2 为 2 m 高度处的风速（m·s⁻¹）；e_s 为饱和水汽压（kPa）；e_a 为实际水汽压（kPa）；Δ 为饱和水汽压与日平均气温关系曲线斜率（kPa·℃⁻¹）；γ 为干湿表常数（kPa·℃⁻¹）。

（2）作物需水量的定义和计算方法

作物需水量是指在水分供应充足且其他因素不受限制的条件下，作物为获得最高产量所需要的水分总量（韩湘玲，1999）。采用联合国粮农组织推荐的作物系数（K_c）和参考作物蒸散量计算作物需水量，计算公式如下（Allen et al.，1998）：

$$ET_c = ET_0 \cdot K_c \tag{2.11}$$

式中，ET_c 为作物需水量（mm·d⁻¹）；K_c 为作物系数。

（3）作物系数的定义和计算方法

作物系数（K_c）是指作物某生长发育阶段的需水量（ET_c）与对应的参考作物蒸散量（ET_0）的比值，因作物品种、生长状况、气候、土壤及管理方式不同而有所差异。本书根据需水规律将水稻生育期划分为相应的 3 个阶段（Allen et al.，1998；李勇 等，2011），即生育前期（播种—孕穗）、生育中期（孕穗—开花）和生育后期（开花—成熟）；并根据联合国粮农组织推荐的 K_c 值确定各阶段作物系数(Allen et al.,1998),如表2.2所示。

表 2.2 水稻各生育阶段作物系数

水稻生育阶段	作物系数
播种—孕穗	1.05
孕穗—开花	1.20
开花—成熟	1.00

2.1.4 气候要素保证率定义和计算方法

保证率是指大于等于或小于等于某要素值出现的可能性或概率。在农业气候分析中一般建议80%以上的保证程度(曲曼丽,1991)。本书采用经验频率法计算保证率,公式如下:

$$P = \frac{m}{n+1} \times 100\% \tag{2.12}$$

式中,P 为保证率(%);m 为研究要素值按大小递减顺序排列后的编号,编号从1开始;n 为整个序列号数,即年份数。

2.2 气候适宜度指标和计算方法

2.2.1 温度适宜度

温度适宜度采用作物各生育阶段平均气温及生长发育的下限温度、最适温度、上限温度进行计算(黄淑娥 等,2012),公式如下:

$$S_{(T)i} = \frac{(\overline{T} - T_1)(T_2 - \overline{T})^B}{(T_0 - T_1)(T_2 - T_0)^B} \tag{2.13}$$

$$B = \frac{T_2 - T_0}{T_0 - T_1} \tag{2.14}$$

式中,$S_{(T)i}$ 为第 i 个生育阶段温度适宜度;$\overline{T}$ 为该生育阶段平均气温;T_1、T_2 和 T_0 分别为该生育阶段内生长发育的下限温度、上限温度和最适温度。

水稻各生育阶段三基点温度(生长发育的下限温度、上限温度和最适温度)见表2.3(俞芬等,2008)。

表 2.3 水稻各生育阶段的下限温度、最适温度和上限温度　　　单位:℃

生育阶段	双季早稻、双季晚稻			中稻		
	下限温度	最适温度	上限温度	下限温度	最适温度	上限温度
播种—出苗	12	25	40	10	21	40
出苗—返青	15	26	35	12	25	35
返青—拔节	17	28	38	12	25	35
拔节—孕穗	17	28	38	15	27.8	40
孕穗—开花	20	30	35	18	26.3	35
开花—成熟	15	26	35	13	23	35

2.2.2 降水适宜度

采用作物生育阶段降水量对需水量的满足程度表示降水适宜度(Allen et al.,1998)。其中,当降水量小于需水量时,以降水量与需水量的比值作为降水适宜度;当降水量大于等于需水量时,则以需水量与降水量的比值作为降水适宜度,公式如下:

$$S_{(R)i} = \begin{cases} \dfrac{R}{ET_c} & R < ET_c \\ \dfrac{ET_c}{R} & R \geq ET_c \end{cases} \tag{2.15}$$

式中,$S_{(R)i}$ 为作物第 i 个生育阶段的降水适宜度;ET_c 为作物该生育阶段需水量(mm);R 为该生育阶段降水量(mm)。

2.2.3 光照适宜度

利用式(2.16)评价作物各生育阶段光照适宜度(俞芬 等,2008),公式如下:

$$S_{(S)i} = \begin{cases} e^{-[(S-S_0)/b]^2} & S < S_0 \\ 1 & S \geq S_0 \end{cases} \tag{2.16}$$

式中,$S_{(S)i}$ 为作物第 i 个生育阶段的光照适宜度;S 为该生育阶段内实际日照时数(h);S_0 为该生育阶段日照时数达可照时数的 70% 的日照时数(h);b 为常数,取值见表 2.4(俞芬 等,2008)。

表 2.4 作物各生育阶段 b 值

生育阶段	双季早稻	双季晚稻	中稻
播种—出苗	4.15	5.14	5.15
出苗—返青	4.15	5.14	5.04
返青—拔节	4.95	5.04	5.04
拔节—孕穗	5.11	4.83	4.83
孕穗—开花	5.15	4.5	4.5
开花—成熟	5.04	4.1	4.1

2.2.4 气候适宜度模型

采用加权方法构建温度、降水量和光照各气候因子全生育阶段适宜度评价模型(黄俊 等,2012),如下:

$$S = \sqrt[3]{\left(\sum_{i=1}^{n} \alpha_i \cdot S_{(T)i}\right) \cdot \left(\sum_{i=1}^{n} \beta_i \cdot S_{(R)i}\right) \cdot \left(\sum_{i=1}^{n} \lambda_i \cdot S_{(S)i}\right)} = \sqrt[3]{S_{(T)} \cdot S_{(R)} \cdot S_{(S)}} \tag{2.17}$$

式中,S 为作物全生育阶段的气候适宜度;α_i、β_i 和 λ_i 分别为各生育阶段温度适宜度、降水适宜度和光照适宜度的权重;$S_{(T)i}$、$S_{(R)i}$ 和 $S_{(S)i}$ 分别为作物各生育阶段的温度适宜度、降水适宜度和光照适宜度;$S_{(T)}$、$S_{(R)}$ 和 $S_{(S)}$ 分别为作物全生育阶段温度适宜度、降水适宜度和光照适宜度。

2.2.5 种植制度气候适宜度模型

利用全生育阶段适宜度评价模型(式(2.17))得到某种植制度的各气候因子适宜度后,使用气候适宜度综合评价模型得到该种植制度气候适宜度。使用加权方法计算该种植制度气候适宜度,如下:

$$Z_{(x)} = \sum_{j=1}^{m} \sum_{i=1}^{n} \delta_{ij} \cdot S_{(x)ij} \tag{2.18}$$

式中,$Z_{(x)}$ 为某种植制度的某一气象因子的适宜度;δ_{ij} 为该种植制度下某气候适宜度第 i 个生育阶段的权重;$S_{(x)ij}$ 为该种植制度下第 i 个生育阶段的某气象因子适宜度;n 为生育阶段数;m 为作物季数。

权重确定:首先根据已有研究将统计产量分离为气象产量与趋势产量(田俊 等,2012),对气象产量与各生育阶段的温度适宜度、降水适宜度和光照适宜度分别进行相关分析,再对获取的气象产量与各生育阶段适宜度的相关系数进行标准化;标准化之后的相关系数即为该作物某生育阶段适宜度的权重。某种植制度中各作物气候因子适宜度的权重由该种植制度中各作物各生育阶段气候因子适宜度的权重归一化后得出。

2.3 水稻生长季指标和计算方法

2.3.1 水稻潜在生长季长度

水稻潜在生长季指日平均气温稳定通过 10 ℃初日到稳定通过 15 ℃终日的持续日数,稳定通过日期根据偏差法确定(高亮之 等,1983)。本书将日平均气温稳定通过 10 ℃初日 80%保证率的日期,确定为水稻安全播种期开始日;将日平均气温稳定通过 15 ℃终日 80%保证率的日期,确定为水稻安全成熟期终止日。水稻安全播种期至安全成熟期为水稻潜在生长季,持续日数为水稻潜在生长季长度(高亮之 等,1983)。

南方地区地形复杂,为明确南方稻作区水稻生长季特征,本书对南方 258 个气象站的海拔高度、经纬度及各时段 80%保证率的水稻生长季长度进行线性回归分析,得到 1951—1980 年和 1981—2010 年两个时段水稻潜在生长季地理分布函数;利用 ArcGIS10.0 对南方稻作区 DEM 数据进行处理,提取与未来气候数据相匹配的 $0.25° \times 0.25°$ 网格点的海拔高度数据,再对 2011—2040 年、2041—2070 年和 2071—2100 年 3 个时段 80%保证率的水稻生长季长度与海拔高度、经纬度进行回归分析得到未来气候情景下 3 个时段的水稻潜在生长季地理分布函数,见表 2.5(叶清,2013;郭建平 等,2016)。

表 2.5　南方稻作区水稻潜在生长季地理分布函数

时段	水稻潜在生长季地理分布函数	R^2
1951—1980 年	$PGSL = 804.19 - 2.21\lambda - 10.16\varphi - 0.06h$	0.915 ***
1981—2010 年	$PGSL = 741.19 - 1.59\lambda - 10.33\varphi - 0.06h$	0.908 ***
2011—2040 年	$PGSL = 836.01 - 1.98\lambda - 11.9\varphi - 0.03h$	0.892 ***
2041—2070 年	$PGSL = 805.18 - 1.48\lambda - 12.25\varphi - 0.03h$	0.906 ***
2071—2100 年	$PGSL = 813.37 - 1.54\lambda - 11.83\varphi - 0.03h$	0.910 ***

注:PGSL 为水稻潜在生长季长度(d);λ 为站点经度(°);φ 为站点纬度(°);h 为站点海拔高度(m)。 *** 为 $p<0.001$。

2.3.2　水稻理论生长季长度

水稻理论生长季长度为特定环境条件下水稻完成生长发育进程所需天数。受水稻光温特性限制，各品种在不同气候条件下其生育进程不同（高亮之 等，1983）。

根据已有的研究，研究区域 4 类稻作制的种植模式搭配及理论生长季长度见表 2.6。

表 2.6　不同稻作制典型种植模式的水稻理论生长季长度

稻作制类型	种植模式	理论生长季长度
麦—稻两熟	小麦＋杂交稻	水稻播种至成熟的模式天数
早三熟	早大麦＋中熟早籼＋杂交稻	中熟早籼模式生长期＋杂交稻模式生长期－杂交稻秧龄＋双抢农耗天数
中三熟	中熟大麦/中熟油菜＋迟熟早籼＋中粳	迟熟早籼模式生长期＋中粳模式生长期－中粳秧龄＋双抢农耗天数
晚三熟	小麦＋杂交稻＋杂交稻	两季杂交稻模式生长期之和－杂交稻秧龄＋双抢农耗天数

高亮之等（1983）以 30°N、播种期为 4 月 1 日、水稻播种至安全齐穗期平均气温 25 ℃为标准环境，计算了南方水稻理论生长季长度，见表 2.7。

表 2.7　不同水稻类型理论生长季长度计算

水稻类型	代表品种	理论生长季长度
杂交稻	汕优Ⅱ号	$\text{TGSL}=101.56-3.52\Delta T+0.16(\Delta T)^2+0.16\Delta J+3.28\Delta\varphi$
中熟早籼	元丰早	$\text{TGSL}=71.82-2.42\Delta T+0.14\Delta J+1.49\Delta\varphi$
迟熟早籼	广四	$\text{TGSL}=71.73-3.826\Delta T+0.088\Delta J+1.856\Delta\varphi$
中粳	南粳 34 号	$\text{TGSL}=122.64-3.13\Delta T+0.39\Delta J+1.09\Delta\varphi$
早熟中籼	南京 11 号	$\text{TGSL}=94.49-3.98\Delta T+0.14\Delta J+0.49\Delta\varphi$
早熟晚粳	武农早	$\text{TGSL}=122.09-3.04\Delta T+0.465\Delta J+2.657\Delta\varphi$

注：TGSL 为水稻理论生长季长度（d）；ΔT 为播种日期至安全齐穗日期的平均气温与 25 ℃的差值（℃）；ΔJ 为实际播种期日序与 4 月 1 日日序的差值，用安全播种期提前 5 d 代替实际播种期（高亮之 等，1983）；$\Delta\varphi$ 为站点纬度与 30°N 的差值。

2.3.3　水稻生长季可利用率

水稻生长季可利用率为当地水稻潜在生长季长度与某稻作制代表种植模式的水稻理论生长季长度的比值，计算公式如下：

$$U_{GS}=\frac{\text{PGSL}}{\text{TGSL}}\times100\%　\qquad(2.19)$$

式中，U_{GS} 为水稻生长季可利用率（%）；PGSL 为水稻潜在生长季长度（d）；TGSL 为某稻作制代表种植模式的水稻理论生长季长度（d）。

U_{GS} 数值越大表明该稻作制水稻潜在生长季的可利用率越高，该稻作制的适宜性越高；当 $U_{GS}=100\%$，某稻作制水稻潜在可利用率为 100%，表明该地水稻潜在生长季长度可以种植某稻作制；$U_{GS}<100\%$，某地水稻潜在生长季长度不足以种植某稻作制；$U_{GS}>100\%$，某地水稻潜在生长季长度比某稻作制水稻模式生育期长，对于某稻作制来说有富余。

2.4　一年三熟种植北界指标和计算方法

一年三熟种植北界：日平均气温≥0 ℃的活动积温 5900～6100 ℃·d 作为一年三熟种植界限的热量指标(刘巽浩 等,1987),也将该指标作为双季稻种植指标。

将日平均气温≥0 ℃的活动积温 5900～6100 ℃·d 的 80％保证率的界限作为双季稻种植敏感带的界限,本书重点分析 1981—2010 年和未来气候情景下 21 世纪中叶(2021—2050 年)和 21 世纪末(2071—2100 年)一年三熟种植敏感带演变趋势。

2.5　水稻产量差定义和计算方法

作物产量潜力是指作物在水分、土壤、品种以及农业技术措施适宜的前提下,由当地辐射和温度条件决定的产量。该层次的产量是一个地区作物产量理论上限(van Ittersum et al.,2013)。水稻生产中降水或灌溉条件基本满足,因此实际产量受土壤、品种和栽培管理措施等综合影响。实际产量与作物产量潜力之间存在产量差(yield gap)。本书第 6 章分析水稻产量差时,仅定义两个产量水平:

(1)光温产量潜力:指水稻在良好的生长条件下,不受水分、氮肥限制以及病虫害胁迫,采用当地适宜品种,在适宜土壤条件和适宜管理措施下获得的产量(Evans et al.,1999)。

(2)实际产量:指一定区域内实际产量的平均值,反映当地气候、土壤、品种及栽培管理措施等因素综合影响下的产量。本书第 6 章的实际产量为双季早稻、双季晚稻和中稻逐年的省级实际产量。

2.6　水稻高温和低温灾害指标与分析方法

2.6.1　高温和低温灾害指标

根据已有研究,确定水稻各生育阶段三基点温度如表 2.8 所示,各生育阶段最高温度和最低温度为该阶段高温和低温灾害指标阈值,并将持续 3 d 以上大于等于最高温度和低于等于最低温度作为一次高温或低温过程(高亮之 等,1992;李守华 等,2007;高素华 等,2009;冯德花 等,2011)

表 2.8　水稻不同生育阶段的三基点温度指标

生育阶段	三基点温度(℃)		
	最低温度	最高温度	适宜温度
秧田期	12	35	25～30
出苗—拔节	12	35	25～30
孕穗—抽穗	22	35	30～33
灌浆—成熟	15	32	20～29

2.6.2　灾害分析方法

（1）灾害发生次数和频率

灾害发生次数：高温（低温）灾害发生次数为某生育阶段出现高温（低温）过程的总次数，以水稻某生育阶段达到高温（低温）阈值且持续 3 d 以上为 1 次高温（低温）灾害过程，计为 1 次。

灾害发生频率：某站点发生高温（低温）的年份数与统计总年份数之比，公式如下：

$$f = \frac{n}{N} \times 100\% \tag{2.20}$$

式中，f 为灾害发生频率（%）；n 为统计时段内发生高温（低温）灾害的年份数；N 为统计时段内总年份数。

（2）灾害发生强度

灾害发生强度是指某年发生灾害的总天数与发生灾害的总次数之比，公式如下：

$$DCR = \frac{d_{num}}{c_{num}} \tag{2.21}$$

式中，DCR 为灾害发生强度（d·次$^{-1}$）；d_{num} 为某年内发生灾害的总天数（d）；c_{num} 为某年内发生灾害的总次数（次）。

2.7　种植效率与环境效益评价指标和计算方法

2.7.1　效率评价指标和计算方法

（1）氮肥农学利用效率

氮肥农学利用效率是指作物施用氮肥后增加的产量与施用的氮肥量之比值（张福锁 等，2008），公式如下：

$$AE = \frac{GY_{+N} - GY_{-N}}{FN} \tag{2.22}$$

式中，AE 为氮肥农学利用效率（kg·kg^{-1}）；GY_{+N} 为不同施氮量下作物产量（kg·hm^{-2}）；GY_{-N} 为不施氮处理产量（kg·hm^{-2}）；FN 为施氮量（kg·hm^{-2}）。

（2）水分利用效率和灌溉水利用效率

以水分利用效率和灌溉水利用效率表征水资源利用效率。水分利用效率为总的水分利用效率，包括降水和灌溉水；灌溉水利用效率为补充灌溉水的利用效率，公式如下：

$$WUE = \frac{Y_1}{R + I_s} \tag{2.23}$$

式中，WUE 为水分利用效率（g·kg^{-1}）；Y_1 为产量（kg·hm^{-2}）；R 为降水量（mm）；I_s 为灌溉量（mm），计算过程中降水量和灌溉量的单位通过面积、水的密度转化为 g·hm^{-2}。

$$IWUE = \frac{Y_1 - Y_2}{I_s} \tag{2.24}$$

式中，IWUE 为灌溉水利用效率（g·kg^{-1}）；Y_1 为灌溉后产量（kg·hm^{-2}）；Y_2 为无灌溉条件下产量（kg·hm^{-2}）；I_s 为灌溉量（mm），计算过程中灌溉量的单位通过面积、水的密度转化为 g·hm^{-2}。

2.7.2 环境效益评价指标和计算方法

以稻田 CH_4 和 N_2O 排放量作为中稻和双季稻环境效益评价指标,对比一年三熟种植敏感带种植中稻和双季稻在不同灌溉方式、不同施氮量及不同产量水平下温室气体排放量。

(1)CH_4 排放量的计算

根据已有研究(Olszyk et al.,1999),确定中稻 CH_4 排放量为总生物量中碳的 2.9%。公式如下:

$$E_{CH_4} = B_{tol} \cdot C_b \cdot 2.9\% \tag{2.25}$$

$$B_{tol} = B_a \cdot 1.17 \tag{2.26}$$

式中,E_{CH_4} 为中稻全生育期农田 CH_4 排放量($kg \cdot hm^{-2}$);B_{tol} 为农田总生物量($kg \cdot hm^{-2}$);C_b 为水稻含碳率($\%$),取值为 42.84%(罗怀良,2009);B_a 为 ORYZA 模型模拟的水稻地上部生物量($kg \cdot hm^{-2}$)。

根据已有研究(魏海苹,2012),本书取双季早稻和双季晚稻 CH_4 排放量分别是中稻的 1.1 和 2.4 倍,本书依据式(2.25)和(2.26)计算中稻 CH_4 排放量。

(2)N_2O 排放量的计算

根据已有的研究(卢燕宇 等,2005),本书稻田 N_2O 排放量计算公式如下:

$$E_{N_2O} = 1.57 \cdot P + 0.0164 \cdot P \cdot F \tag{2.27}$$

式中,E_{N_2O} 为稻田 N_2O 排放量($kg \cdot hm^{-2}$);P 为降水量(mm);F 为施氮量($kg \cdot hm^{-2}$)。

2.8 作物模型方法

2.8.1 水稻模型 ORYZA 简介

水稻模型 ORYZA 是 20 世纪 90 年代由国际水稻研究所和荷兰瓦赫宁根大学联合开发的。ORYZA2000 水稻模型综合考虑了潜在生产水平、水分胁迫生产水平和氮素胁迫生产水平(Bouman et al.,2001);ORYZA(v3)模型完善了模型的功能,改进了部分经验公式算法,对水稻生长发育的生理生态过程的模拟更加精准合理,因此,ORYZA 系列模型广泛应用于水稻生长发育、产量形成、气候变化和高低温影响模拟研究(Zhang et al.,2014;Li et al.,2017;Lu et al.,2020)。ORYZA 模型结构如图 2.2 所示。

2.8.2 ORYZA 模型模拟结果评价指标

选择国际上通用的指标和方法对模型模拟研究区域水稻生长发育和产量形成的有效性进行评价。包括模型模拟值与实测值的线性回归决定系数(R^2)、均方根误差(RMSE)、归一化均方根误差(NRMSE)和 D 指标(Willmott,1982)作为指标评价模型模拟的准确性和可靠性。其中,回归决定系数 R^2 和 D 指标反映了模型模拟值与实测值的一致性,数值越接近 1 说明模拟效果越好,其中 D 指标对系统模拟误差更敏感(刘志娟 等,2012);均方根误差(RMSE)反映了模型模拟值相对实测值的绝对误差,而归一化均方根误差(NRMSE)反映了模拟值与实测值的相对误差,数值越小,模拟效果越好。各指标公式如下:

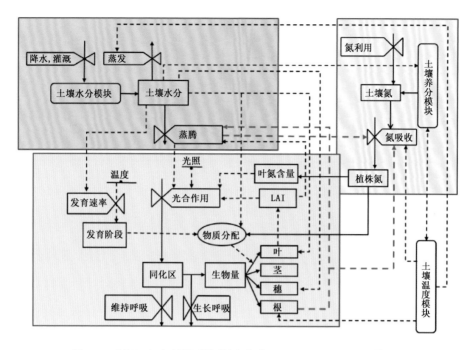

图 2.2　ORYZA 水稻模型结构图（根据 Bouman et al.,2001 修改）

$$r = \frac{\sum\limits_{i=1}^{n}(O_i - \bar{O})(S_i - \bar{S})}{\sqrt{\sum\limits_{i=1}^{n}(O_i - \bar{O})^2 \sum\limits_{i=1}^{n}(S_i - \bar{S})^2}} \tag{2.28}$$

$$R^2 = r^2 \tag{2.29}$$

$$\text{RMSE} = \sqrt{\frac{\sum\limits_{i=1}^{n}(O_i - S_i)^2}{n}} \tag{2.30}$$

$$\text{NRMSE} = \frac{\text{RMSE}}{\bar{O}} \times 100\% \tag{2.31}$$

$$D = 1 - \frac{\sum(S_i - O_i)^2}{\sum(|S_i - \bar{O}| + |O_i - \bar{O}|)^2} \tag{2.32}$$

式中，O_i 和 S_i 分别为实测值和模拟值；$\bar{O}$ 和 $\bar{S}$ 分别为实测值和模拟值的平均值；n 为实测数据的样本数。

2.8.3　ORYZA 模型适用性

本书基于研究区域农业气象观测站双季早稻、双季晚稻和中稻生育期、生物量和产量数据对 ORYZA 模型水稻品种参数进行调参和验证。模型水稻品种部分参数如表 2.9 所示。

表 2.9　ORYZA 模型水稻品种部分参数

参数类型	品种参数	参数描述	单位
控制生育期参数	DVRJ	幼苗期发育速率	℃·d
	DVRI	光敏感期发育速率	℃·d
	DVRP	穗生长期发育速率	℃·d
	DVRR	生殖生长期发育速率	℃·d
控制产量形成参数	KDFTB	消光系数	
	SLATB	比叶面积	kg·hm^{-2}
	SPGF	每千克穗粒数	粒·kg^{-1}
	WGRMX	最大穗粒重	kg·grain^{-1}
	FLVTB	叶干物质分配系数	
	FSTTB	茎干物质分配系数	
	FSOTB	穗干物质分配系数	
	DRLVT	叶片死亡速率	

在此以研究区域典型站点说明 ORYZA 模型模拟水稻生育进程和产量的有效性和适用性，如图 2.3 所示。由图 2.3 可以看出，水稻出苗—开花天数、出苗—成熟天数和产量模拟结果与实测资料有较好的一致性，说明 ORYZA 模型可较准确地模拟研究区域水稻生长发育进程和产量。

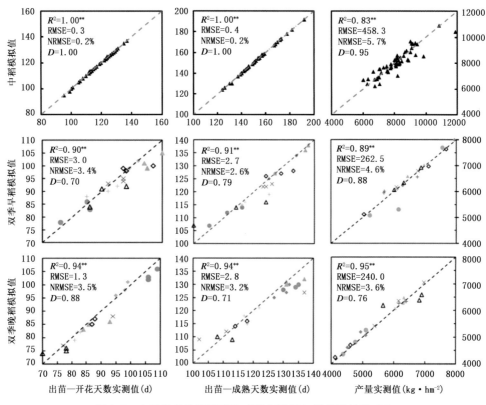

图 2.3　水稻生长发育进程和产量实测值与模拟值结果对比

2.9 数据统计处理方法

2.9.1 Mann-Kendall 突变检验

本书采用曼肯德尔法（Mann-Kendall Analysis，简称 M-K 法）进行气候要素突变分析。M-K 法是一种非参数检验方法，这种检验方法不要求样本遵循一定的分布，同时不会受少数异常值的干扰，广泛应用在气候变化研究中（Steadman et al.，1979；Yue et al.，2002；吴绍洪等，2005；王英 等，2006；赵金忠 等，2014）。公式如下：

当某一个时间序列 X_i 中拥有 n 个样本，构建这个时间序列的秩序列：

$$S_k = \sum_{i=1}^{k} r_i \qquad k = 1,2,\cdots,n \qquad (2.33)$$

$$r_i = \begin{cases} 1, X_i > X_j \\ 0, X_i < X_j \end{cases} \qquad j = 1,2,\cdots,n \qquad (2.34)$$

式中，秩序列 S_k 表示的是第 i 时刻序列值大于 j 时刻序列值的个数之和。

当 X_1，X_2，$\cdots$，X_n 连续并且互相独立分布时，定义统计量为：

$$\mathrm{UF}_k = \frac{[S_k - E(S_k)]}{\sqrt{\mathrm{Var}(S_k)}} \qquad k = 2,3,\cdots,n \qquad (2.35)$$

$$E(S_k) = \frac{n(n-1)}{4} \qquad k = 2,3,\cdots,n \qquad (2.36)$$

$$\mathrm{Var}(S_k) = \frac{n(n-1)(2n+5)}{72} \qquad k = 2,3,\cdots,n \qquad (2.37)$$

式中，n 为样本数；UF_k 为 M-K 统计量，且 $\mathrm{UF}_1 = 0$；$E(S_k)$ 为累计数 S_k 的均值；$\mathrm{Var}(S_k)$ 为累计数 S_k 的方差。

2.9.2 小波分析

本书采用小波函数分析研究区域气温和降水等气候因子的周期性。小波分析是采用时间-频率分析方法，对气候要素的时间序列的周期性变化的局部特征以及各周期随时间的变化情况进行分析，明确气候要素的周期特征。公式如下（李荣昉 等，2012）：

$$\rho(t) = \mathrm{e}^{-i\sigma t} \cdot \mathrm{e}^{\frac{-t^2}{2}} \qquad (2.38)$$

式中，$\rho(t)$ 为小波变换函数；i 为虚数单位；t 为时间尺度；σ 为无量纲频率。

2.9.3 核概率密度分布

本书利用核概率密度分布来说明水稻产量的分布特征。本书使用 R 软件的 ggplot2 包进行数据核概率密度的估计，核概率密度估计是一种非参数估计法，在统计学理论和应用领域受到高度重视（李存华 等，2004），其原理是假设随机变量 X 的密度函数为 $f(x)$，那么点 x 的概率密度函数表达式为：

$$f(x) = \frac{1}{N \cdot h} \cdot \sum_{i=1}^{N} K \cdot \left(\frac{X_i - x}{h}\right) \qquad (2.39)$$

式中,N 为观测值个数;h 为带宽;X_i 为独立同分布的观测值;x 为均值。

2.9.4 归一化处理

在明确环境效益和经济效益最优组合下的施氮水平时,需要找到净利润和氮肥农学利用效率的最佳结合点。由于净利润和氮肥农学利用效率的量纲不一致,为了使基于不同施氮水平下净利润和氮肥农学利用效率具有可比性,需对数据进行归一化处理。计算如下:

$$Y_i = \frac{X_i - X_{\min}}{X_{\max} - X_{\min}} \qquad i = 1, 2, \cdots, n \tag{2.40}$$

式中,Y_i 为归一化后的数据;$X_{\max}$ 和 $X_{\min}$ 分别为评价要素 X_i 的最大值和最小值。

参 考 文 献

冯德花,蒋跃林,杨太明,等,2011. 沿淮地区高温热害分布特征及其对水稻产量的影响[J]. 安徽农业科学,39(16):9680-9682,9716.

高亮之,李林,1992. 水稻气象生态学[M]. 北京:中国农业出版社.

高亮之,李林,郭鹏,1983. 中国水稻生长季与稻作制度的气候生态研究[J]. 中国农业气象,4(1):50-55.

高素华,王培娟,万素琴,2009. 长江中下游高温热害及对水稻的影响[M]. 北京:气象出版社.

郭建平,等,2016. 气候变化对农业气候资源有效性的影响评估[M]. 北京:气象出版社.

韩湘玲,1999. 农业气候学[M]. 太原:山西科学技术出版社.

何洪林,于贵瑞,牛栋,2003. 复杂地形条件下的太阳资源辐射计算方法研究[J]. 资源科学,25(1):78-85.

黄俊,翟志宏,陈慧华,2012. 气候变化背景下广东早稻温度适宜度的变化特征[J]. 广东气象,34(3):60-63.

黄淑娥,田俊,吴慧峻,2012. 江西省双季水稻生长季气候适宜度评价分析[J]. 中国农业气象,33(4):527-533.

李存华,孙志挥,陈耿,等,2004. 核密度估计及其在聚类算法构造中的应用[J]. 计算机研究与发展,41(10):1712-1719.

李荣昉,王鹏,吴敦银,2012. 鄱阳湖流域年降水时间序列的小波分析[J]. 水文,32(1):29-31,79.

李守华,田小海,黄永平,等,2007. 江汉平原近50年中稻花期危害高温发生的初步分析[J]. 中国农业气象,28(1):5-8.

李勇,杨晓光,叶清,等,2011. 1961—2007年长江中下游地区水稻需水量的变化特征[J]. 农业工程学报,27(9):175-183.

刘巽浩,陈阜,2005. 中国农作制[M]. 北京:中国农业出版社.

刘巽浩,韩湘玲,1987. 中国耕作制度区划[M]. 北京:北京农业大学出版社.

刘志娟,杨晓光,王静,等,2012. APSIM玉米模型在东北地区的适应性[J]. 作物学报,38(4):740-746.

卢燕宇,黄耀,郑循华,2005. 农田氧化亚氮排放系数的研究[J]. 应用生态学报,16(7):1299-1302.

罗怀良,2009. 川中丘陵地区近55年来农田生态系统植被碳储量动态研究——以四川省盐亭县为例[J]. 自然资源学报,2(24):251-258.

曲曼丽,1991. 农业气候实习指导:农业气候分析方法30例[M]. 北京:北京农业大学出版社.

田俊,黄淑娥,祝必琴,等,2012. 江西双季早稻气候适宜度小波分析[J]. 江西农业大学学报,34(4):646-651,670.

王英,曹明奎,陶波,等,2006. 全球气候变化背景下中国降水量空间格局的变化特征[J]. 地理研究,25(6):1031-1040.

魏海苹,2012. 近20年中国稻田CH₄排放观测数据的集成分析[D]. 南京:南京农业大学.

吴绍洪,尹云鹤,郑度,等,2005. 青藏高原近 30 年气候变化趋势[J]. 地理学报,60(1):3-11.

叶清,2013. 气候变化对南方稻作制的影响研究[D]. 北京:中国农业大学.

俞芬,千怀遂,段海来,2008. 淮河流域水稻的气候适宜度及其变化趋势分析[J]. 地理科学,28(4):537-542.

张福锁,王激清,张卫峰,等,2008. 中国主要粮食作物肥料利用率现状与提高途径[J]. 土壤学报,45(5):915-924.

赵金忠,高红贤,郭连云,2014. 近 50 年青海海南地区气候变化趋势及突变分析[J]. 中国农学通报,30(29):234-238.

朱旭东,何洪林,刘敏,等,2010. 近 50 年中国光合有效辐射的时空变化特征[J]. 地理学报,65(3):270-280.

左大康,王懿贤,陈建绥,1963. 中国地区太阳总辐射的空间分布特征[J]. 气象学报,32(1):78-95.

ALLEN R G,PEREIRA L S,RAES D,et al,1998. Crop evapotranspiration--Guidelines for computing crop water requirements [R]. FAO Irrigation and Drainage Paper 56. Rome:FAO.

ÅNGSTRÖM A,1924. Solar and terrestrial radiation. Report to the international commission for solar research on actinometric investigations of solar and atmospheric radiation [J]. Quarterly Journal of the Royal Meteorological Society,50(210):121-126.

BOUMAN B A M,KROPFF M J,TUONG T P,et al,2001. ORYZA2000:Modeling lowland rice [M]. Los Baños:International Rice Research Institute, & Wageningen:Wageningen University & Research Centre.

DOORENBOS J,PRUITT W O,1977. Guidelines for predicting crop water requirements [R]. FAO Irrigation and Drainage Paper No. 24,Rome:FAO.

EVANS L T,FISCHER R A,1999. Yield potential:Its definition,measurement,and significance [J]. Crop Science,39:1544-1551.

LI T,ANGELES O,MARCAIDA M,et al,2017. From ORYZA2000 to ORYZA(v3):An improved simulation model for rice in drought and nitrogen-deficient environments [J]. Agricultural and Forest Meteorology,237-238:246-256.

LU B H,YU K,WANG Z M,et al,2020. Adaptability evaluation of ORYZA(v3) for single-cropped rice under different establishment techniques in eastern China [J]. Agronomy Journal,112(4):20258.

OLSZYK D M,CENTENO H G S,ZISKA L H,et al,1999. Global climate change,rice productivity and methane emissions:Comparison of simulated and experimental results [J]. Agricultural and Forest Meteorology,97(2):87-101.

STEADMAN,R G,1979. The assessment of sultriness. Part I:A temperature-humidity index based on human physiology and clothing science [J]. Journal of Applied Meteorology,18(7):861-873.

VAN ITTERSUM M K,CASSMAN K G,GRASSINI P,et al,2013. Yield gap analysis with local to global relevance-a review [J]. Field Crops Research,143(1):4-17.

WILLMOTT C J,1982. Some comments on the evaluation of model performance [J]. Bulletin of the American Meteorological Society,63(11):1309-1313.

YUE S,PILON P,CA VADIAS G,2002. Power of the Mann-Kendall and Spearman's rho tests for detecting monotonic trends in hydrological series [J]. Journal of Hydrology,259(1):254-271.

ZHANG T Y,YANG X G,WANG H S,et al,2014. Climatic and technological ceilings for Chinese rice stagnation based on yield gaps and yield trend pattern analysis [J]. Global Change Biology,20(4):1289-1298.

第3章 南方稻作区农业气候资源变化特征

全球气候变化背景下农业气候资源发生相应变化,影响种植制度及作物分布、作物生长发育和产量。本章基于研究区域内气象站点逐日气象数据,分析 1951—2010 年全年和温度生长期内平均气温和日平均气温≥10 ℃积温、日照时数和光合有效辐射、降水量和参考作物蒸散量的时空变化特征,并利用突变检验和小波分析方法明确 1951—2010 年农业气候要素变化趋势的转折点和周期性特征。

3.1 热量资源变化特征

3.1.1 年平均气温

与全球气候变暖趋势一致,1951—2010 年研究区域年平均气温呈升高趋势,其平均气温时空特征如图 3.1 所示。由图 3.1 可知,研究区域过去 60 年年平均气温在 10.6～26.6 ℃之间,平均为 17.8 ℃。研究区域内绝大部分地区年平均气温为 15～18 ℃,广西、广东大部和海南年平均气温大于 20 ℃;江西、湖南、浙江大部和四川盆地等双季稻种植区年平均气温在 16～18 ℃;湖北、安徽、江苏和云贵高原等中稻种植区年平均气温在 14～16 ℃。

年平均气温的空间分布差异性大,研究区域西北部年平均气温经向分布特征明显,呈由东向西递减趋势;其他区域纬向分布特征明显,呈由南向北递减趋势。

1951—2010 年除四川东部和云贵高原个别站点呈降低趋势外,研究区域 94％的站点年平均气温呈明显升高趋势,平均每 10 年升高 0.22 ℃。年平均气温升幅较大的区域为湖北、安徽、江苏和云南部分地区等以中稻种植为主的地区,升温幅度为 $0.3～0.9\ ℃\cdot(10a)^{-1}$。Mann-Kendall 突变分析显示,1993 年为研究区域年平均气温变化趋势的突变年,1993 年以后年平均气温呈显著升高趋势。

3.1.2 温度生长期内积温

以日平均气温稳定通过 10 ℃持续时间为水稻温度生长期。通过分析 1951—2010 年研究区域温度生长期内日平均气温≥10 ℃有效积温时空特征(图 3.2)发现,研究区域日平均气温≥10 ℃有效积温平均为 3100 ℃·d,研究时段内总体呈显著升高趋势($R^2=0.42$,$p<0.01$),平均每 10 年升高 44.4 ℃·d(图 3.2a);Mann-Kendall 突变分析(图 3.2b)及滑动 t 检验(图 3.2c)表明研究区域日平均气温≥10 ℃有效积温变化趋势在 1997 年发生了明显突变,1997 年之后有效积温升高非常显著。

从图 3.2d 可以看出,1951—2010 年日平均气温≥10 ℃有效积温高于 6500 ℃·d 的地区

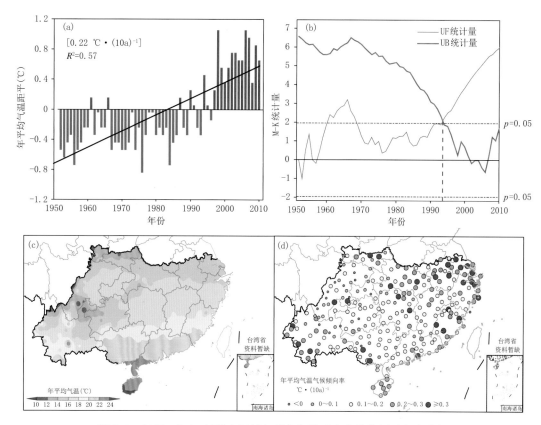

图 3.1　1951—2010 年研究区域年平均气温时空变化特征及突变分析
（a）距平变化；（b）突变分析；（c）空间分布；（d）气候倾向率空间分布
（UF 和 UB 为 Mann-Kendall 突变检验的统计量，曲线交点为突变点）

主要分布在广西、广东、海南、云南南部和福建省东南部地区；5500～6500 ℃·d 的地区分布在云南南部、湖南南部、江西南部和福建；4500～5500 ℃·d 的地区主要分布在云南中部、贵州、湖南、江西北部、浙江、江苏南部、安徽南部和湖北大部分地区；低于 4500 ℃·d 地区主要分布在四川部分地区和云南西北部。空间分布上，温度生长期内日平均气温≥10 ℃有效积温纬向分布显著，由南向北逐渐递减。

　　图 3.2e 表明研究区域 90% 的站点温度生长期内有效积温呈增加趋势，每 10 年增加 74 ℃·d，10% 的站点温度生长期内有效积温呈减少趋势，每 10 年减少 37 ℃·d，主要分布在四川东部、贵州、云南部分地区和湖南西部。

　　综上所述，研究区域热量资源变化如表 3.1 所示，可见气候变化背景下，1951—2010 年研究区域年平均气温每 10 年升高 0.17 ℃，且 1981 年之后升温幅度较大，平均每 10 年升高 0.37 ℃，年平均气温等值线较 1951—1980 年明显北移。1951—2010 年温度生长期内日平均气温≥10 ℃有效积温为每 10 年增加 63.1 ℃·d，其中 1951—1980 年每 10 年增加 19.2 ℃·d；1981—2010 年每 10 年增加 163.1 ℃·d。

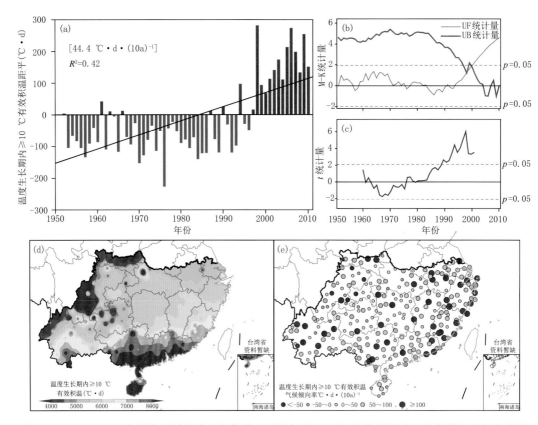

图 3.2　1951—2010 年研究区域温度生长期内日平均气温≥10 ℃有效积温时空变化特征及突变分析

(a)距平变化；(b)突变分析；(c)滑动 t 检验；(d)空间分布；(e)气候倾向率空间分布

(UF 和 UB 为 Mann-Kendall 突变检验的统计量，曲线交点为突变点)

表 3.1　全年和温度生长期内热量资源变化

热量资源	1951—2010 年		1951—1980 年		1981—2010 年	
	均值	变化趋势 (10a)$^{-1}$	均值	变化趋势 (10a)$^{-1}$	均值	变化趋势 (10a)$^{-1}$
年平均气温(℃)	17.6	0.17	17	0	17.7	0.37
温度生长期内日平均气温 ≥10 ℃有效积温(℃・d)	5815	63.1	5769	19.2	5834	163.1

3.2　光照资源变化特征

3.2.1　年日照时数

为了分析年日照时数时空变化特征，对研究区域年日照时数距平变化、突变、气候倾向率的空间分布特征进行分析，如图 3.3 所示。由图 3.3 可以看出，研究区域年日照时数总体呈显著减少趋势,平均每 10 年减少 47.3 h,特别是 1980 年以来,减少趋势更为明显(图 3.3a)。Mann-Kendall 突变分析(图 3.3b)及滑动 t 检验(图 3.3c)显示研究区域年日照时数变化趋势在 1980 年发生明显突变,1980 年以后年日照时数减少非常显著。

1951—2010 年研究区域年日照时数为 784~2652 h,空间差异明显,全年日照时数高于 2000 h 的地区主要分布在云南大部分地区、江苏中部和安徽中部;全年日照时数低于 1200 h 的地区主要分布在四川东南部、重庆南部和贵州大部分地区。1951—2010 年研究区域西部及中部地区全年日照时数纬向分布明显,其他地区经向分布明显,整体呈中部低、东西部高的空间分布特征(图 3.3d)。

1951—2010 年研究区域 84% 的站点年日照时数呈减少趋势,平均每 10 年减少 57 h,且 37% 的站点年日照时数减少幅度较大,平均每 10 年减少 89 h,主要分布在四川东部、重庆西部、湖北大部分地区、安徽、江苏南部和浙江(图 3.3e)。

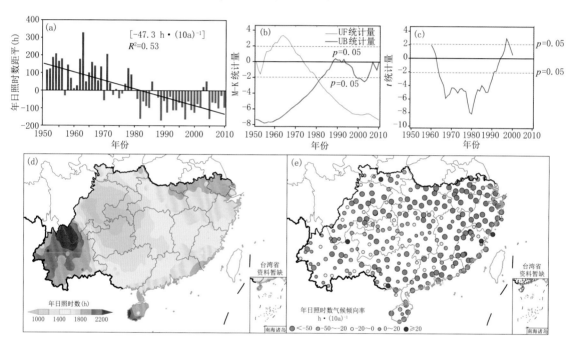

图 3.3　1951—2010 年研究区域年日照时数时空变化特征及突变分析
(a)距平变化;(b)突变分析;(c)滑动 t 检验;(d)空间分布;(e)气候倾向率空间分布
(UF 和 UB 为 Mann-Kendall 突变检验的统计量,曲线交点为突变点)

3.2.2　温度生长期内日照时数

为明确研究区域水稻温度生长期内光照资源,对温度生长期内日照时数时空分布特征进行分析,如图 3.4 所示。从图 3.4 可以看出,与年日照时数类似,温度生长期内日照时数呈显著减少趋势($p < 0.05$, $R^2 = 0.12$),平均每 10 年减少 15 h(图 3.4a)。1951—2010 年研究区域温度生长期内日照时数变化趋势同样具有显著的突变特征,在 1980 年发生明显的突变,1980 年以后呈显著的减少趋势(图 3.4b,图 3.4c)。

1951—2010 年研究区域温度生长期内日照时数为 590~2473 h,平均为 1342 h。与全年日照时数一致,研究区域温度生长期内日照时数空间差异明显。温度生长期内日照时数大于 1400 h 的地区主要分布在云南大部、广西南部、广东大部、海南、福建南部和江西南部部分地区;1200～1400 h 的地区主要分布于长江中下游以及华南的广西北部、广东北部、福建北部和中部;低于 900 h 的地区主要位于贵州、湖南西部、湖北西部、重庆和四川东部等。总体而言,1951—2010 年研究区域温度生长期内日照时数呈由南向北、由东向西逐渐减少的分布特征(图 3.4d)。

研究区域约 78% 的站点温度生长期内日照时数呈减少趋势,平均每 10 年减少 40 h。约 22% 的站点温度生长期内日照时数呈增加趋势,平均每 10 年增加 34 h,主要分布在云南部分地区、福建、浙江大部、湖南中部和江苏(图 3.4e)。

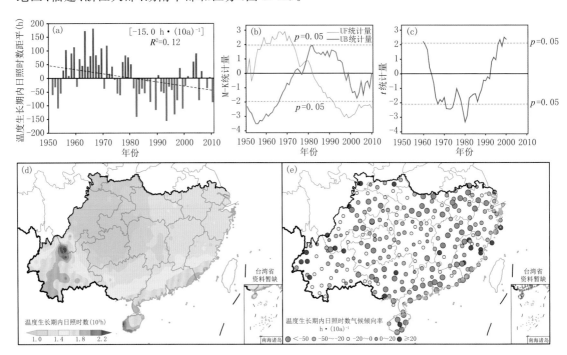

图 3.4 1951—2010 年研究区域温度生长期内日照时数时空变化特征及突变分析
(a)距平变化;(b)突变分析;(c)滑动 t 检验;(d)空间分布;(e)气候倾向率空间分布
(UF 和 UB 为 Mann-Kendall 突变检验的统计量,曲线交点为突变点)

3.2.3 温度生长期内光合有效辐射

利用 Ångström 方程(Ångström,1924)计算了研究区域 1951—2010 年逐日地面太阳总辐射,并利用本书第 2 章式(2.1)～(2.8)计算了 1951—2010 年研究区域逐日光合有效辐射,并分析 1951—2010 年 80% 保证率下温度生长期内光合有效辐射时空特征及变化趋势(图 3.5)。

1951—2010 年 80% 保证率下研究区域温度生长期内光合有效辐射为 942.1～2028.2 MJ·m^{-2},区域平均为 1371.8 MJ·m^{-2}。温度生长期内光合有效辐射空间分布特征与日照时数的空间分布特征基本一致,低值区主要为四川盆地区,高值区为云南、滇黔高原山地、滇南区及西双版纳。该特征与地形直接相关,四川盆地海拔低、云层厚,对太阳总辐射吸收较强,而云贵高原海拔高、云层稀薄,太阳辐射相对较强;另外,山地、丘陵地区由于地形的动力和热力作

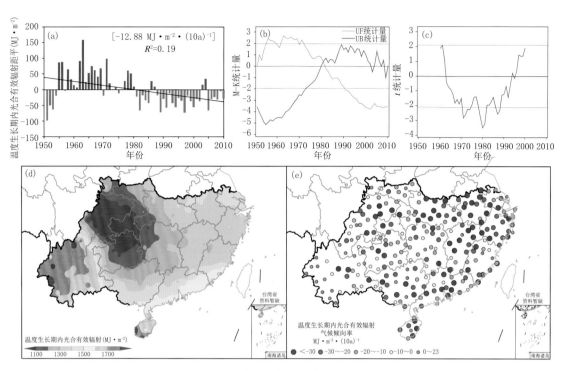

图 3.5　1951—2010 年研究区域温度生长期内光合有效辐射时空变化特征及突变分析

(a)距平变化;(b)突变分析;(c)滑动 t 检验;(d)空间分布;(e)气候倾向率空间分布

(UF 和 UB 为 Mann-Kendall 突变检验的统计量,曲线交点为突变点)

用,易成云致雨,对太阳辐射有较大的削弱作用,光合有效辐射较低;江淮平原地势平坦,对太阳辐射的削弱作用相对较小,而华南沿海平原纬度低,光合有效辐射相对较高。

1951—2010 年研究区域温度生长期内光合有效辐射总体呈显著减少趋势,平均每 10 年减少 12.88 MJ·m^{-2},特别是 1980 年以来,减少趋势更为明显(图 3.5a)。Mann-Kendall 突变分析(图 3.5b)及滑动 t 检验(图 3.5c),显示研究区域温度生长期内光合有效辐射变化趋势在 1980 年发生明显突变,1980 年以后温度生长期内光合有效辐射减少非常显著。研究区域中 88% 的站点呈减少趋势,有 27% 的站点通过 $p < 0.05$ 的显著性检验,光合有效辐射增加的站点主要分布在川滇高原、华南沿海和西双版纳区(图 3.5d 和图 3.5e)。

研究区域日照时数变化如表 3.2 所示,1951—2010 年年日照时数呈减少趋势,平均每 10 年减少 43.2 h。温度生长期内日照时数呈减少趋势,平均每 10 年减少 27.0 h,1980 年为转折点,1980 年之后增加趋势较明显,平均每 10 年增加 19.6 h。

表 3.2　全年和温度生长期内日照时数变化

日照时数	1951—2010 年		1951—1980 年		1981—2010 年	
	均值	变化趋势 (10a)$^{-1}$	均值	变化趋势 (10a)$^{-1}$	均值	变化趋势 (10a)$^{-1}$
年日照时数(h)	1582	−43.2	1675	−15.6	1537	−8.5
温度生长期内日照时数(h)	1342	−27.0	1406	−13.1	1300	19.6

3.3 水分资源变化特征

计算并分析了研究区域全年及温度生长期内降水量和参考作物蒸散量的时空变化特征、周期性变化和突变特征。

3.3.1 年水分资源

(1)降水量

1951—2010 年研究区域年降水量为 1381.5 mm,由距平变化图(图 3.6a)可以看出,研究区域降水年际变化趋势不明显。根据小波系数分析(图 3.6b)可以看出,研究区域年降水量存在 7 和 15 a 两个弱周期振荡,存在 27 a 较强周期振荡。

1951—2010 年年降水量在 294～2318 mm,高于 1350 mm 的地区主要分布在广东中部、福建北部、海南大部分地区和广西北部;1000～1350 mm 的地区主要分布在云南南部、贵州东南部、湖北和安徽南部部分地区的"腾冲—施甸—凤庆—镇沅—元阳—马关—西林—高源—织金—龙里—余庆—武隆—开江—奉节—长阳—江陵—孝南—霍山—当涂—长江—南湖—海盐"一线以南(图 3.6c)。年降水量空间上呈由东南向西北逐渐递减趋势,这与已有研究结论(周明圆 等,2020)一致。

1951—2010 年研究区域 52% 的站点年降水量呈增加趋势,平均每 10 年增加 18 mm ,主要分布在云南中部、湖南东部、广东、海南、江西、福建大部分地区、上海、安徽东部和江苏部分地区,48% 的站点年降水量呈减少趋势,平均每 10 年减少 24 mm(图 3.6d)。

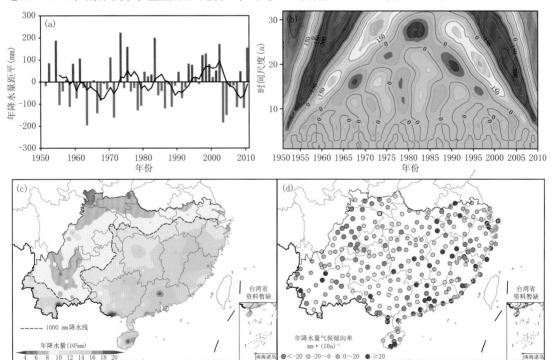

图 3.6　1951—2010 年研究区域年降水量时空变化特征

(a)距平变化;(b)小波系数;(c)空间分布;(d)气候倾向率空间分布

（2）参考作物蒸散量

与年降水量相似，1951—2010 年研究区域年参考作物蒸散量的时间变化特征不明显，呈微弱的减少趋势（图 3.7a），平均每 10 年减少 2.87 mm，1951—2010 年期间总体上呈增加—减少—增加变化趋势。Mann-Kendall 突变检验发现，1951—2010 年研究区域年参考作物蒸散量 1970 年为突变点，1970 年以后年参考作物蒸散量呈显著减少趋势（图 3.7b）。且年参考作物蒸散量存在 27 a 强周期振荡（图 3.7c）。

1951—2010 年研究区域年参考作物蒸散量在 697～1576 mm，高于 1000 mm 的地区主要分布在云南、广东、海南和广西大部；小于 900 mm 的地区主要分布在四川中部、重庆和贵州大部、湖南的西北部分地区。空间分布上，研究区域西北部地区受地势影响，年参考作物蒸散量较低，南部地区纬向分布明显，整体上呈由南向北逐渐递减趋势（图 3.7d）。

由图 3.7e 可以看出，1951—2010 年研究区域 60% 的站点年参考作物蒸散量呈减少趋势，平均每 10 年减少 0～10 mm，其中 26 % 的站点减少明显，平均每 10 年减少 10 mm 以上；增加的站点主要位于福建和云南。

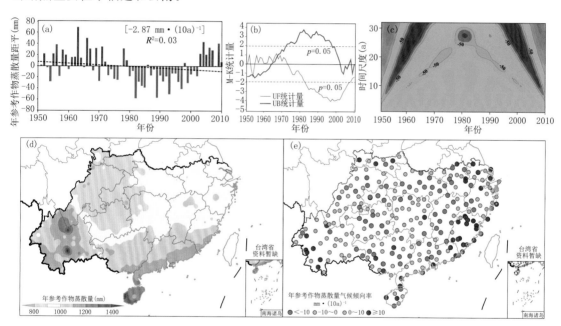

图 3.7　1951—2010 年研究区域年参考作物蒸散量时空变化特征

（a）距平变化；（b）突变分析；（c）小波系数；（d）空间分布；（e）气候倾向率空间分布

（UF 和 UB 为 Mann-Kendall 突变检验的统计量，曲线交点为突变点）

3.3.2　温度生长期内水分资源

（1）降水量

1951—2010 年研究区域温度生长期内降水量为 1028～1452 mm，时间变化趋势不明显（图 3.8a）。经小波分析发现，温度生长期内降水量呈较明显的 17～20 a 周期振荡（图 3.8b）。

温度生长期内降水量高于 1200 mm 的地区主要分布在广西、广东和福建西部；900～1200 mm 的地区主要分布在云南南部、贵州东部、湖南、江西、福建东部和浙江南部；600～

900 mm 的地区主要分布在四川东部、重庆、湖北、安徽中部、江苏、浙江北部、上海、贵州北部和云南北部;低于 600 mm 的地区主要分布在安徽中部(图 3.8c)。1981—2010 年温度生长期内降水量等值线明显东移,尤其是 900 和 1200 mm 降水量等值线东移明显。空间分布上,1951—2010 年温度生长期内降水量纬向特征显著,由南向北逐渐递减(图 3.8c)。

由图 3.8d 可以看出,1951—2010 年研究区域 52% 的站点温度生长期内降水量呈增加趋势,平均每 10 年增加 62 mm,其中,高值区主要位于福建和广东;48% 的站点温度生长期内降水量呈减少趋势,平均每 10 年减少 17 mm,主要分布在四川东部、贵州、湖南西部、广西西南部、安徽南部、浙江大部分地区和江苏。

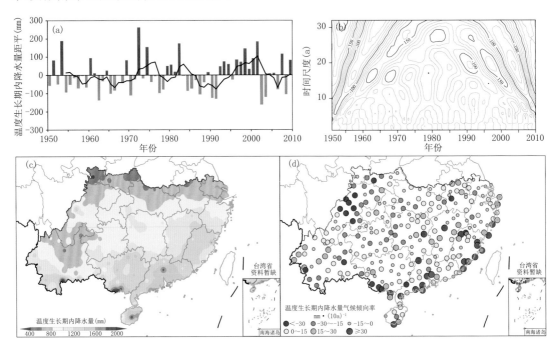

图 3.8　1951—2010 年研究区域温度生长期内降水量时空变化特征
(a)距平变化;(b)小波系数;(c)空间分布;(d)气候倾向率空间分布

(2)参考作物蒸散量

1951—2010 年研究区域温度生长期内参考作物蒸散量时间上呈明显周期性和突变性,呈增加—减少—增加的周期性变化(图 3.9a),并存在 25～30 a 较强的周期性振荡特征(图 3.9c);且具有明显的突变特征,Mann-Kendall 突变检验和滑动 t 检验显示,研究区域突变点为 1974 年,1974 年之前呈减少趋势,1974 年以后呈显著的增加趋势(图 3.9b)。

1951—2010 年研究区域温度生长期内参考作物蒸散量高于 1000 mm 的地区主要分布在海南、广西南部、广东大部分地区、云南中南部和福建东南部;800～1000 mm 的地区主要分布在云南部分地区、广西北部、广东部分地区、江西、湖南东南部、浙江大部、湖北东部和安徽西部;700～800 mm 的地区主要分布在四川盆地、湖北西部、湖南西北部、贵州、安徽东部、江苏和上海。1951—2010 年研究区域参考作物蒸散量纬向分布特征明显,由南向北逐渐递减(图3.9d)。

由图 3.9e 可以看出,1951—2010 年研究区域 53% 的站点温度生长期内参考作物蒸散量呈增加趋势,平均每 10 年增加 14 mm,主要分布在研究区域西部和东部;47% 的站点呈减少趋势,平均每 10 年减少 10 mm,主要分布在研究区域中部地区。

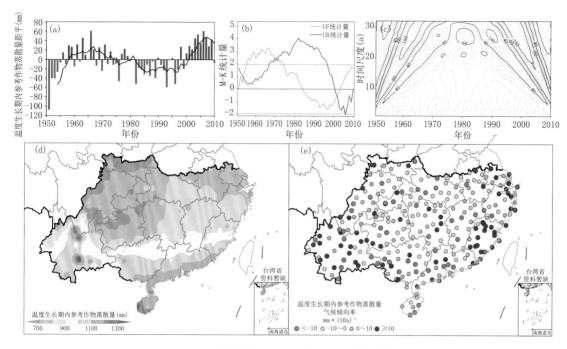

图 3.9　1951—2010 年研究区域温度生长期内参考作物蒸散量时空变化特征
(a)距平变化;(b)突变分析;(c)小波系数;(d)空间分布;(e)气候倾向率空间分布
(UF 和 UB 为 Mann-Kendall 突变检验的统计量,曲线交点为突变点)

综上所述,研究区域全年和温度生长期内水分资源变化如表 3.3 所示,1951—2010 年年降水量呈减少趋势,平均每 10 年减少 2.5 mm,1981 年后减幅较大,平均每 10 年减少 17.8 mm。1951—2010 年温度生长期内降水量呈增加趋势,平均每 10 年增加 26.3 mm,且 1981 年之后平均增幅较大,平均每 10 年增加 29.6 mm。1951—2010 年年参考作物蒸散量呈减少趋势,平均每 10 年减少 1.7 mm。1951—2010 年温度生长期内参考作物蒸散量呈增加趋势,平均每 10 年增加 1.6 mm,且 1981 年之后增幅较大。

表 3.3　1951—2010 年全年和温度生长期内水分资源变化

水分资源	1951—2010 年		1951—1980 年		1981—2010 年	
	均值	变化趋势 $(10a)^{-1}$	均值	变化趋势 $(10a)^{-1}$	均值	变化趋势 $(10a)^{-1}$
年降水量(mm)	1119	−2.5	1106	−7.4	1118	−17.8
年参考作物蒸散量(mm)	999	−1.7	1004	2.5	992	16
温度生长期内降水量(mm)	1014	26.3	1001	11.1	1013	29.6
温度生长期内参考作物蒸散量(mm)	892	1.6	894	6.1	884	24.2

3.4　小结

　　基于 1951—2010 年研究区域内气象站点逐日气象观测数据,分析了全年和温度生长期内热量、光照和水分资源的时间演变和空间分布特征,明确了各气候要素时间演变的突变点和周期。研究结果表明,1951—2010 年研究区域年平均气温和温度生长期内日平均气温≥10 ℃有效积温均呈升高趋势,1993 年和 1997 年分别为年平均气温和日平均气温≥10 ℃有效积温的突变点;空间上年平均气温和温度生长期内日平均气温≥10 ℃有效积温均呈纬向分布。1951—2010 年研究区域全年和温度生长期内光合有效辐射均呈减少趋势,且在 1980 年之后减少更明显,空间分布受地形影响显著。1951—2010 年研究区域全年和温度生长期内降水量52％的站点呈增加趋势,48％的站点呈减少趋势,且存在周期性变化;降水量空间分布整体呈由东南向西北逐渐递减的趋势。1951—2010 年研究区域 60％的站点年参考作物蒸散量呈减少趋势,其中 26 ％的站点减少幅度明显;增加站点主要位于福建和云南。1951—2010 年研究区域 53％的站点温度生长期内参考作物蒸散量呈增加趋势,主要分布在研究区域西部和东部;47％的站点呈减少趋势,主要分布在研究区域中部地区。

参 考 文 献

周明圆,刘君龙,许继军,等,2020. 近 48 a 长江源区降水时空变化特征[J]. 科学技术与工程,20(2):474-480.

ÅNGSTRÖM A,1924. Solar and terrestrial radiation. Report to the international commission for solar research on actinometric investigations of solar and atmospheric radiation[J]. Quarterly Journal of the Royal Meteorological Society,50(210):121-126.

第 4 章　南方主要稻作制气候适宜性

本章以研究区域主要稻作制为研究对象,分析稻作制气候适宜性。研究区域主要稻作制包括小麦＋杂交稻为典型模式的麦—稻两熟(以下简称麦—稻两熟)、早大麦＋中熟早籼＋中粳为典型模式的早三熟(以下简称早三熟)、中熟大麦(或中熟油菜)＋迟熟早籼＋杂交稻为典型模式的中三熟(以下简称中三熟)和以冬小麦＋杂交稻＋杂交稻为典型模式的晚三熟(以下简称晚三熟)(刘巽浩 等,1987),以水稻潜在生长季与某稻作制理论生长季长度的比值作为该稻作制适宜性评价指标(高亮之 等,1992),确定主要稻作制可种植北界;比较分析研究区域1951—1980 年、1981—2010 年、2011—2040 年、2041—2070 年和 2071—2100 年 5 个时段主要稻作制种植界限的时间演变趋势和空间分布特征,为研究区域稻作制合理布局提供参考。

在分析研究区域主要稻作制的气候适宜性分布及种植北界的基础上,借鉴已有的研究方法 (千怀遂 等,2005;俞芬 等,2008),构建研究区域主要稻作制的气候适宜度评价模型,对主要稻作制(麦—稻两熟、麦—稻—稻三熟制)的气候适宜度时空特征进行分析,并基于未来气候情景(A1B)下资料,分析麦—稻两熟制和麦—稻—稻三熟制的气候适宜度。明确气候变化对研究区域主要稻作制空间分布的可能影响,评估稻作制的气候适宜度。

4.1　气候变化背景下南方主要稻作制适宜种植区演变趋势

依据本书第 2 章研究方法中不同稻作制水稻生长季可利用率 $U_{GS} \geqslant 100\%$ 作为该稻作制的气候适宜性分布指标,分析 1951—1980 年、1981—2010 年、2011—2040 年、2041—2070 年和 2071—2100 年 5 个时段研究区域不同稻作制的适宜区分布特征如图 4.1 所示,研究区域各时段主要稻作制适宜区分布面积及其变化如表 4.1 所示。

从图 4.1 和表 4.1 可以看出,1951—2100 年研究区域不同稻作制适宜区均不同程度北移。总体而言,麦—稻两熟、早三熟适宜区呈缩小趋势,中三熟和晚三熟适宜区扩大趋势明显。其中,1951—2010 年麦—稻两熟适宜区面积最大,2011—2100 年晚三熟适宜区面积最大。

1951—1980 年研究区域麦—稻两熟适宜区主要分布在武当山以北、大别山以东、四川盆地、贵州西部和云南北部等地区,面积最广,达 7.55×10^5 km²,占研究区域面积的 34%;早三熟适宜区的分布面积较小,为 3.21×10^5 km²,占研究区域面积的 14.5%;中三熟适宜区的分布面积为 4.47×10^5 km²,占研究区域面积的 20.1%;晚三熟适宜区分布面积为 4.88×10^5 km²,占研究区域面积的 22%(图 4.1a)。

1981—2010 年各稻作制的空间分布特征及分布区域与 1951—1980 年基本一致,麦—稻两熟适宜区面积占研究区域面积的 31.8%,与 1951—1980 年相比减少了 2.2 个百分点,相当于缩小了 5.0×10^4 km²;与 1951—1980 年相比,早三熟、中三熟和晚三熟适宜区扩大,分别占

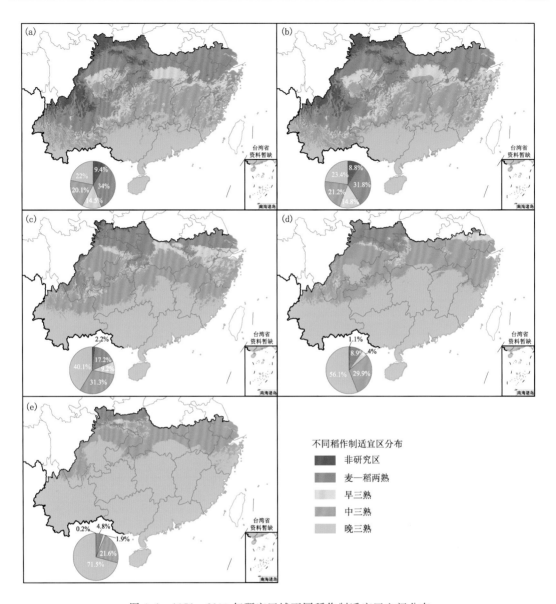

图 4.1　1951—2100 年研究区域不同稻作制适宜区空间分布

(a)1951—1980 年；(b)1981—2010 年；(c)2011—2040 年；(d)2041—2070 年；(e)2071—2100 年

表 4.1　研究区域不同稻作制适宜区面积及其变化

稻作制	1951—1980 年	1981—2010 年		2011—2040 年		2041—2070 年		2071—2100 年	
	SA	SA	Δ	SA	Δ	SA	Δ	SA	Δ
麦—稻两熟	75.5	70.5	−2.2	38.2	−16.8	19.7	−25.1	10.7	−29.2
早三熟	32.1	32.8	0.3	20.3	−5.3	8.8	−10.5	4.2	−12.6
中三熟	44.7	47.0	1.1	69.5	11.2	66.3	9.8	47.8	1.5
晚三熟	48.8	52.0	1.4	89.0	18.1	124.6	34.1	158.7	49.5

注：SA 为不同稻作制的适宜区面积($10^4 km^2$)；Δ 为各稻作制适宜区面积与 1951—1980 年相比变化的百分点。

研究区域面积的 14.8%、21.2% 和 23.4%,分别扩大了 0.3、1.1 和 1.4 个百分点,相当于面积分别增加了 0.7×10^4、2.3×10^4 和 3.2×10^4 km²(图 4.1b)。

与 1951—1980 年相比,2011—2040 年各稻作制适宜区均不同程度北移,且麦—稻两熟、早三熟适宜区面积均缩小,分别占研究区域面积的 17.2% 和 9.2%,与 1951—1980 年相比分别减少了 16.8 和 5.3 个百分点,面积分别缩小了 5.32×10^5 和 1.18×10^5 km²;中三熟和晚三熟适宜区面积扩大到研究区域面积的 31.3% 和 40.1%,与 1951—1980 年相比,分别扩大了 11.2 和 18.1 个百分点,相当于面积分别增加 2.48×10^5 和 4.02×10^5 km²(图 4.1c)。

与 1951—1980 年相比,2041—2070 年麦—稻两熟、早三熟适宜区面积进一步缩小,其中,麦—稻两熟适宜区主要分布于秦巴山区和江淮平原部分地区,占研究区域面积的 8.9%,与 1951—1980 年相比减少了 25.1 个百分点,面积缩小了 5.58×10^5 km²;早三熟适宜区主要分布于江淮平原的部分地区、秦巴山区的南缘和川鄂湘黔区的小部分地区,占研究区域面积的 4%,面积缩小了 2.33×10^5 km²;中三熟和晚三熟的适宜区面积进一步扩大,分别占研究区域面积的 29.9% 和 56.1%,分别增加了 9.8 和 34.1 个百分点(图 4.1d)。

2071—2100 年麦—稻两熟和早三熟适宜区面积之和仅占研究区域面积的 6.7%,面积最大的是晚三熟,占研究区域面积的 71.5%(图 4.1e)。

综上所述,气候变暖背景下,主要稻作制适宜区北移趋势明显,利用晚熟品种代替早熟品种、两熟替代单季、三熟替代两熟可以提高水稻生长季气候资源利用率,提高研究区域单位面积周年产量。

4.2 气候变化背景下南方主要稻作制可种植北界的可能变化

本节利用 ArcGIS 的空间分析工具提取 1951—2100 年 5 个时段研究区域主要稻作制水稻生长季可利用率 $U_{GS} = 1$ 等值线作为该稻作制的可种植北界;并以 1951—1980 年为基准,比较研究区域各时段主要稻作制种植模式可种植北界的空间位移。

4.2.1 麦—稻两熟可种植北界的可能变化

利用 ArcGIS 提取麦—稻两熟种植模式水稻生长季可利用率 $U_{GS} = 100\%$ 的等值线,以此作为麦—稻两熟的可种植北界,获取 1951—2100 年 5 个时段 80% 保证率的麦—稻两熟可种植北界分布,研究区域 1951—2100 年各时段麦—稻两熟可种植北界的空间位移如图 4.2 所示。

由图 4.2 可以看出,随着气温升高,麦—稻两熟水稻生长季延长,可种植北界呈不同程度北移西扩。1951—2010 年研究区域麦—稻两熟可种植北界由云南西北部,穿过四川、贵州西部,沿川藏高原东缘、大巴山南缘经武当山东部到淮河。与 1951—1980 年相比,1981—2010 年研究区域麦—稻两熟可种植北界在云南西北部平均北移 15 km,四川南部没有明显变化,贵州西部和四川盆地西缘主要呈西扩趋势,平均向西移动 10 km,大巴山南缘至淮河段平均向北移动 12 km。2011—2040 年研究区域麦—稻两熟可种植北界由川藏高原东缘至秦岭山脉南缘;与 1951—1980 年相比,四川境内北界平均向西移动 30 km,四川盆地北缘麦—稻两熟可种植北界平均向北移动 140 km。2041—2070 年研究区域麦—稻两熟可种植北界分布与 2011—2040 年基本一致;与 1951—1980 年相比,四川境内北界平均向西移动 40 km,向北移动 170 km。2071—2100 年麦—稻两熟可种植北界移出本书的研究区域。

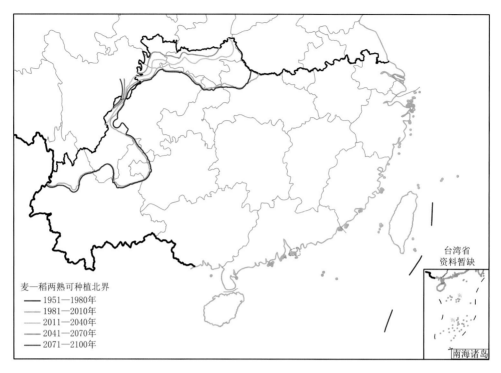

麦—稻两熟可种植北界
—— 1951—1980年
—— 1981—2010年
—— 2011—2040年
—— 2041—2070年
—— 2071—2100年

台湾省
资料暂缺

南海诸岛

图 4.2　1951—2100 年研究区域各时段麦—稻两熟可种植北界的空间位移

由以上分析可以得出,气候变暖引起麦—稻两熟可种植北界明显北移西扩,特别是未来气候情景下表现尤为突出,非稻区面积缩小,麦—稻两熟可种植面积增加,由此可见,气候变暖为研究区域多熟种植提供了可能。

4.2.2　三熟可种植北界的可能变化

(1)早三熟

图 4.3 为 1951—2100 年研究区域各时段早三熟可种植北界的空间位移。由图 4.3 可以看出,气候变暖导致水稻生长季延长,早三熟水稻生长季可利用率 $U_{GS}=100\%$ 等值线不同程度北移西扩,贵州以西地区(以下称西段)、湖北以东地区(以下称东段)种植北界呈北移特征,贵州至湖北之间种植北界(下称中段)呈西扩趋势。

1951—2010 年研究区域早三熟可种植北界自云南中部,由西南向东北贯穿贵州,经重庆、湖南,跨湖北南部,沿江西与安徽交界至浙江北部,与杨晓光等(2010)、赵锦等(2010)利用积温指标研究一年三熟北界结果基本一致,说明水稻潜在生长季可利用率指标可用于确定研究区域不同稻作制的可种植北界。与 1951—1980 年相比,1981—2010 年早三熟可种植北界空间位移较大的区域位于贵州、安徽与江西接合部及浙江境内。在贵州境内呈西扩趋势,平均向西移动 35 km;在湖南境内平均北移 10 km;在安徽与江西接合部,平均北移 75 km;在湖北境内平均北移 45 km;在浙江境内平均北移 64 km。与 1951—1980 年相比,研究区域 2011—2040 年早三熟北界空间位移最大的是云南、贵州和四川,且移出四川盆地至川藏高原东缘,平均西扩 310 km;贵州以西地区早三熟北界平均北移 260 km;湖北境内早三熟北界移出研究区域,湖北以东地区早三熟北界平均北移 170 km。2041—2070 年,研究区域早三熟北界与 2011—

2040 年的分布特征基本一致;而贵州以西早三熟可种植北界移出研究区域,早三熟可种植北界中段平均西扩 370 km,东段移至江苏中部地区,平均北移 375 km。2071—2100 年早三熟可种植北界西段和东段移出研究区域,中段西扩至秦岭山脉南缘,平均西扩 460 km。

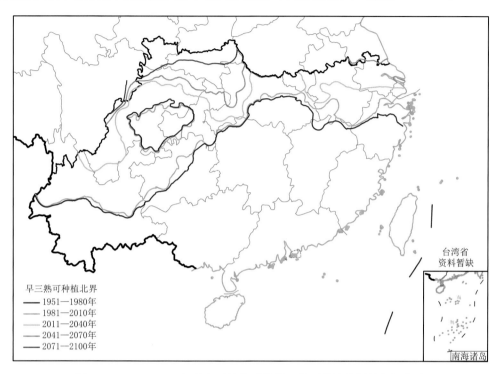

图 4.3　1951—2100 年研究区域各时段早三熟可种植北界的空间位移

由以上分析可以得出,气候变暖导致研究区域早三熟可种植北界北移西扩。1951—2010 年早三熟可种植北界北移特征明显;未来气候情景下早三熟可种植北界主要表现为西扩趋势。

(2)中三熟

图 4.4 为 1951—2100 年研究区域各时段中三熟可种植北界的空间位移。由图 4.4 可以看出,气候变暖引起中三熟可种植北界变化明显,总体变化特征与早三熟一致,贵州以西(西段)和湖北以东(东段)呈北移特征,贵州至湖北之间(中段)呈西扩特征。

1951—2010 年研究区域中三熟可种植北界自云南中部地区,贯穿贵州东南部、湖南西北部,经江西北部至福建北部、浙江中部地区。与 1951—1980 年相比,1981—2010 年中三熟可种植北界空间位移最大区域为福建和浙江,平均北移 240 km;中三熟可种植北界西段平均北移 40 km;中段平均西扩 23 km。2011—2040 年中三熟可种植北界西段移至永胜—会理—会泽—宣威—纳雍一线,平均北移 280 km;中段西扩至峨眉—邛崃—绵竹—安县—阆中—达县一线,平均西扩 390 km;东段北移至湖北北部、安徽南部和浙江北部一线,平均北移 315 km。2041—2070 年中三熟可种植北界北移西扩特征与 2011—2040 年比较一致,但北移西扩空间位移大于 2011—2040 年,西段北移至宁蒗—盐边—德昌—布拖一线,平均北移 95 km;中段西扩至雷波—汶川—都江堰—什邡—巴中—恩施一线,平均西扩 420 km;东段北移至寿县—滁州—丹阳—南通一线,平均北移 480 km。到 21 世纪末,中三熟种植界限东段和西段移出研究区域,中段西扩更加明显,西扩至泸定—宝兴—什邡—北川—青川—南江—建始—房县—郧县一线,平均西扩 480 km。

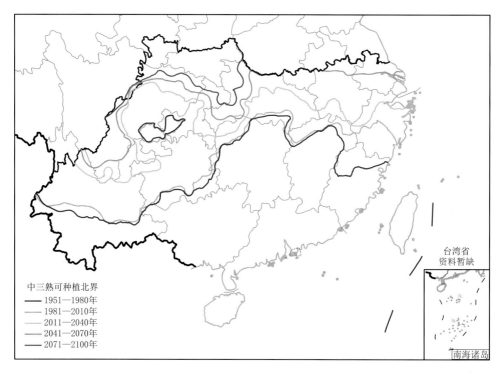

图 4.4　1951—2100 年研究区域各时段中三熟可种植北界的空间位移

（3）晚三熟

图 4.5 为 1951—2100 年研究区域各时段晚三熟可种植北界的空间位移。由图 4.5 可以看出,1951—2100 年晚三熟可种植北界呈明显的纬向分布特征,气候变暖引起研究区域晚三熟可种植北界北移明显。

1951—1980 年晚三熟可种植北界主要位于 22°～25°N 之间,经云南瑞丽—镇康—沧源—思茅—绿春一线,到广西那坡—田林—河池—江永—乐昌一线,经江西信丰—寻乌,扩展到福建。与 1951—1980 年相比,1981—2010 年晚三熟可种植北界在云南境内平均北移了 57 km,广西境内平均北移了 80 km,湖南、江西和福建平均北移了 87 km。2011—2040 年云南境内晚三熟可种植北界北移至 25°N 左右,广水—保山—昌宁—南华—陆良—罗平一线,平均北移200 km;广西境内晚三熟可种植北界北移至贵州境内兴仁—惠水—榕江—锦屏—天柱县一线,平均北移 200 km;空间位移最大的在湖南和江西境内,平均北移 270 km。2041—2070 年晚三熟可种植北界西起云南泸水—大理—元谋—宣威一线,东至福建北部、浙江沿海;空间位移最大的在湖南和江西境内,与 1951—1980 年相比平均北移 450 km。到 21 世纪末晚三熟可种植北界西移到四川境内四川盆地西缘,中部移至湖北南部,东移至安徽、浙江中部,平均北移675 km。

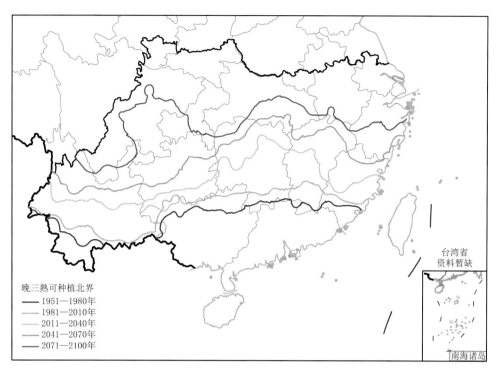

图 4.5　1951—2100 年研究区域各时段晚三熟可种植北界的空间位移

4.3　南方主要稻作制历史气候适宜度时空变化特征

4.3.1　麦—稻两熟区气候适宜度

（1）温度适宜度

1951—2010 年研究区域麦—稻两熟区温度适宜度及其气候倾向率空间分布如图 4.6 所示。由图 4.6a 可见,1951—2010 年麦—稻两熟区温度适宜度在 0.52~0.94,温度适宜度高于 0.88 的地区主要分布在四川东部、湖北东部和中部、安徽南部及江苏南部;温度适宜度在 0.80~0.88 之间的地区主要分布在重庆、湖北西部、湖南、江西、浙江、上海和福建南部;温度适宜度在 0.72~0.80 之间的地区主要分布在福建北部、贵州东部和云南南部;温度适宜度低于 0.72 的地区主要分布在云南北部和贵州西部。由图 4.6b 可知,1951—2010 年研究区域麦—稻两熟区 61% 的站点温度适宜度呈减小趋势,每 10 年减小 0.014;其中 15% 的站点减幅较大,每 10 年减小 0.043,主要分布在贵州。麦—稻两熟区温度适宜度呈由北向南递减的空间分布特征。

由图 4.6c 和图 4.6e 可以看出,1981—2010 年的麦—稻两熟区温度适宜度较 1951—1980 年的略小,四川东部和安徽南部由 1951—1980 年的高于 0.88,到 1981—2010 年减小为 0.80~0.88;贵州大部分地区由 1951—1980 年的 0.72~0.80 减小为 1981—2010 年的低于 0.72。如图 4.6d 和图 4.6f 所示,1951—1980 年研究区域麦—稻两熟区 52% 的站点温度适宜度呈增大趋势,每 10 年增大 0.022,其中 16% 的站点增幅较大,每 10 年增大 0.060,主要分布在云南、重庆中部、湖北西部、安徽中部和福建北部;1981—2010 年研究区域麦—稻两熟区 79%的站点温度适宜度呈减小趋势,每 10 年减小 0.038,其中 44%的站点减幅较大,每 10 年减小 0.064,主要分布在贵州、湖南、湖北东部、福建、安徽南部、浙江南部和四川东南部。

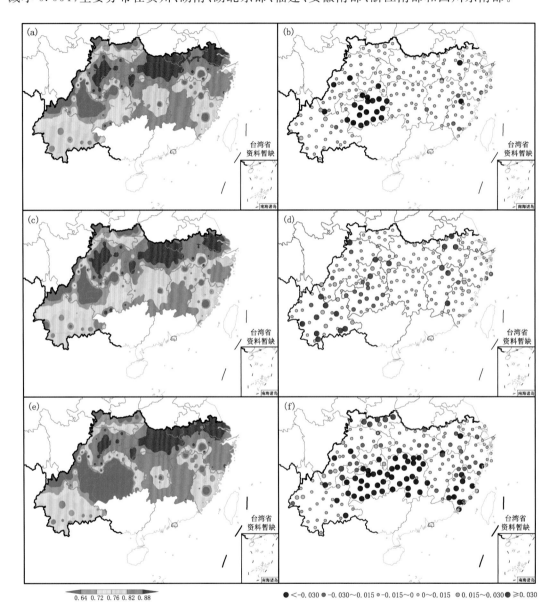

图 4.6　1951—2010 年研究区域麦—稻两熟区温度适宜度(a、c、e)及其气候倾向率(b、d、f)空间分布
(a、b)1951—2010 年;(c、d)1951—1980 年;(e、f)1981—2010 年

（2）降水适宜度

图 4.7 为 1951—2010 年研究区域麦—稻两熟区降水适宜度及其气候倾向率空间分布。由图 4.7a 可见,1951—2010 年麦—稻两熟区降水适宜度在 0.21～0.57,降水适宜度高于 0.46 的地区主要分布在四川东部、湖北西部、安徽中部、江苏南部和贵州大部;降水适宜度在

0.40～0.46 之间的地区主要分布在重庆、湖北、安徽南部、浙江北部和中部、上海、湖南西部和中部;降水适宜度在 0.34～0.40 之间的地区主要分布在湖南东部、江西大部、浙江南部和福建;降水适宜度低于 0.34 的地区主要分布在云南大部和江西北部。由图 4.7b 可知,1951—2010 年研究区域麦—稻两熟区 54%的站点降水适宜度呈增大趋势,每 10 年增大 0.007,主要分布在云南、四川东南部、湖南、江西、浙江、安徽中部和江苏南部。研究区域西南和东南部麦—稻两熟区降水适宜度较低,其他地区较高。

由图 4.7c 和图 4.7e 可见,1981—2010 年的麦—稻两熟区降水适宜度较 1951—1980 年的略低,四川东北部和湖北中部由 1951—1980 年的高于 0.46 减小为 1981—2010 年的 0.40～

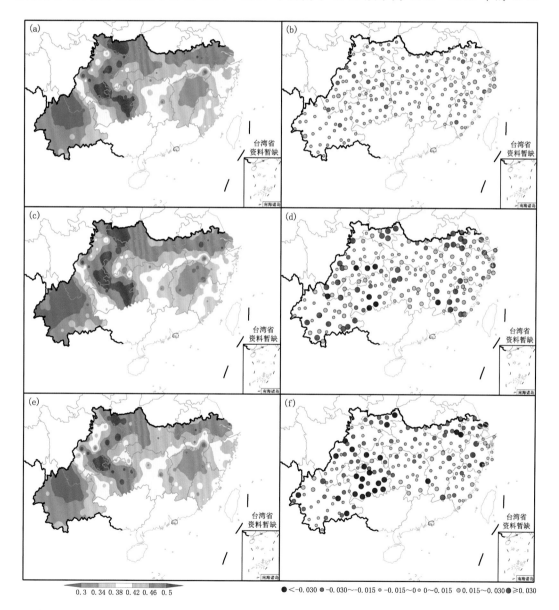

图 4.7　1951—2010 年研究区域麦—稻两熟区降水适宜度(a、c、e)及其气候倾向率(b、d、f)空间分布

(a、b)1951—2010 年;(c、d)1951—1980 年;(e、f)1981—2010 年

0.46。由图 4.7d 和图 4.7f 可见,1951—1980 年研究区域麦—稻两熟区 76% 的站点降水适宜度呈增大趋势,每 10 年增大 0.023,其中 46% 的站点增幅较大,每 10 年增大 0.032;1981—2010 年研究区域麦—稻两熟区 66% 的站点呈减小趋势,每 10 年减小 0.022,其中 35% 的站点减幅较大,每 10 年减小 0.035,主要分布在贵州、四川东部、安徽中部、江苏南部和云南。

(3)光照适宜度

图 4.8 为 1951—2010 年研究区域麦—稻两熟区光照适宜度及其气候倾向率空间分布。由图 4.8 可见,麦—稻两熟区光照适宜度空间分布上,地区差异较大。由图 4.8a 可知,1951—2010 年麦—稻两熟区光照适宜度在 0.17~0.84,光照适宜度高于 0.64 的地区主要分布在云

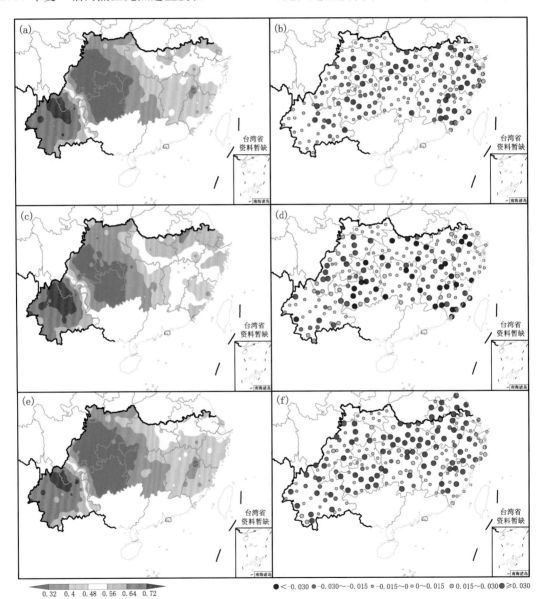

图 4.8 1951—2010 年研究区域麦—稻两熟区光照适宜度(a、c、e)及其气候倾向率(b、d、f)空间分布
(a、b)1951—2010 年;(c、d)1951—1980 年;(e、f)1981—2010 年

南;光照适宜度在 0.48～0.64 之间的地区主要分布在湖北西部和北部、安徽、江苏、浙江北部和中部、上海、江西北部;光照适宜度在 0.32～0.48 之间的地区主要分布在湖北西南部、重庆北部、湖南、江西大部、浙江南部和福建大部;光照适宜度低于 0.32 的地区主要分布在四川东部、贵州和重庆南部。由图 4.8b 可知,1951—2010 年研究区域麦—稻两熟区 88% 的站点光照适宜度呈减小趋势,每 10 年减小 0.020,且 56% 的站点减幅较大,为每 10 年减小 0.027。

由图 4.8c 和图 4.8e 可知,1981—2010 年的麦—稻两熟区光照适宜度较 1951—1980 年的明显减小,主要表现为光照适宜度低于 0.32 的地区分布范围明显向北扩大;江西、浙江、福建和湖北西部光照适宜度由 1951—1980 年的 0.48～0.64 减小为 1981—2010 年的 0.32～0.48。由图 4.8d 和图 4.8f 可知,1951—1980 年研究区域麦—稻两熟区 51% 的站点光照适宜度呈增大趋势,每 10 年增大 0.024,其中 28% 的站点增幅较大,每 10 年增大 0.038,主要分布在四川东部、云南东部、福建南部和安徽东南部;1981—2010 年研究区域麦—稻两熟区 64% 的站点光照适宜度呈减小趋势,每 10 年减小 0.033,其中 45% 的站点减幅较大,每 10 年减小 0.042。

(4)气候适宜度

在分析麦—稻两熟区温度、降水和光照适宜度基础上,综合分析麦—稻两熟区的气候适宜度,如图 4.9 所示。

由图 4.9a 可见,1951—2010 年研究区域麦—稻两熟区气候适宜度在 0.38～0.68,气候适宜度高于 0.60 的地区主要分布在湖北北部和中部、安徽大部、江苏南部及上海;气候适宜度在 0.54～0.60 之间的地区主要分布在湖北南部、浙江、江西南部、福建南部、云南南部和中部;气候适宜度在 0.48～0.54 之间的地区主要分布在四川东部、重庆北部、云南北部、湖南、江西大部和福建北部;气候适宜度低于 0.48 的地区主要分布在贵州和重庆南部。由图 4.9b 可知,1951—2010 年研究区域麦—稻两熟区 85% 的站点气候适宜度呈减小趋势,每 10 年减小 0.013,其中 28% 的站点减幅较大,每 10 年减小 0.024,主要分布在贵州、四川东北部、湖北中部、福建西部和南部。麦—稻两熟区气候适宜度空间上整体呈由北向南递减趋势。

由图 4.9c 和图 4.9e 可知,1981—2010 年麦—稻两熟区气候适宜度较 1951—1980 年的明显减小,主要表现为气候适宜度低于 0.48 的地区分布范围明显向西北方向扩大;气候适宜度高于 0.60 的地区明显缩小;江西和福建麦—稻两熟区气候适宜度由 1951—1980 年的0.54～0.60 减小为 1981—2010 年的 0.48～0.54。由图 4.9d 和图 4.9f 可知,1951—1980 年研究区域麦—稻两熟区 66% 的站点气候适宜度呈减小趋势,每 10 年减小 0.016,其中 26% 的站点减幅较大,每 10 年减小 0.030,主要分布在贵州西北部、重庆、湖北中部和福建;1981—2010 年研究区域麦—稻两熟区 61% 的站点气候适应度呈减小趋势,每 10 年减小 0.036,其中 41% 的站点减幅较大,每 10 年减小 0.050,主要分布在云南、四川东北部、贵州、湖南西部、湖北、福建南部和安徽中部。

1951—2010 年研究区域麦—稻两熟区气候适宜度时间演变趋势如图 4.10 所示。由图 4.10a 麦—稻两熟区温度适宜度 M-K 曲线可见,UF 曲线在 1953—1968 年及 1998—2009 年间大于 0,1968—1998 年小于 0,表明研究区域麦—稻两熟区温度适宜度在 1953—1968 年及 1998—2009 年间呈增大趋势,在 1968—1998 年呈减小趋势。虽然 UF 与 UB 曲线在显著性水平 0.05 临界线之间相交于多点,但 UF 曲线始终未超过临界线,表明 1951—2010 年麦—稻两熟区温度适宜度的减小和增大趋势都不显著。

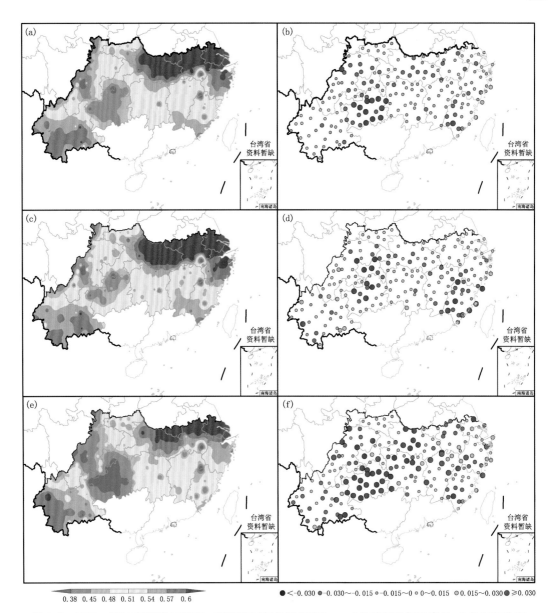

图4.9 1951—2010年研究区域麦—稻两熟区气候适宜度(a、c、e)及其气候倾向率(b、d、f)空间分布

(a、b)1951—2010年;(c、d)1951—1980年;(e、f)1981—2010年

由图4.10b麦—稻两熟区降水适宜度M-K曲线可见,UF曲线始终大于0,且在1956年超过显著性水平0.05临界线,表明1951—2010年麦—稻两熟区降水适宜度呈增大趋势,且在1956年后增大趋势明显。根据UF与UB曲线相交的位置,确定20世纪50年代麦—稻两熟区降水适宜度增大是突变现象,该突变从1955年开始。

由图4.10c麦—稻两熟区光照适宜度M-K曲线可见,1951—1988年光照适宜度UF曲线始终大于0,表明1951—1988年麦—稻两熟区光照适宜度呈增大趋势;1961—1976年及1995—2010年UF曲线分别通过了$p=0.05$临界线,表明麦—稻两熟区光照适宜度在1961—1976年增幅较大,在1995—2010年降幅较大。根据UF与UB曲线相交的位置,确定20世纪

80 年代麦—稻两熟区光照适宜度的减小是突变现象，该突变从 1989 年开始。

由图 4.10d 麦—稻两熟区气候适宜度 M-K 曲线可见，UF 曲线在 1983 年前始终大于 0，1983 年后始终小于 0，表明麦—稻两熟区气候适宜度在 1951—1983 年呈增大趋势，在 1983—2010 年呈减小趋势；UF 曲线在 1992 年超过显著性水平 0.05 临界线，表明麦—稻两熟区气候适宜度在 1992—2010 年降幅较大。根据图中 UF 与 UB 曲线相交的位置，确定 20 世纪 80 年代麦—稻两熟区气候适宜度的减小是突变现象，该突变从 1986 年开始。

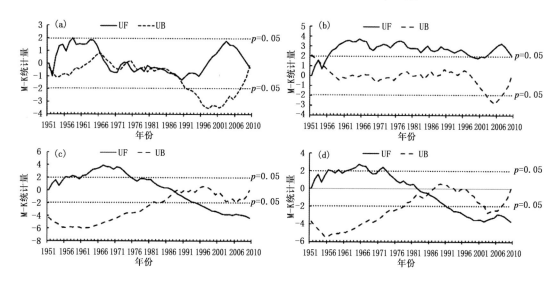

图 4.10　1951—2010 年研究区域麦—稻两熟区气候适宜度 M-K 曲线

(a)温度；(b)降水；(c)光照；(d)气候

(UF 和 UB 为 Mann-Kendall 突变检验的统计量，曲线交点为突变点)

4.3.2　麦—稻—稻三熟区气候适宜度

(1)温度适宜度

1951—2010 年研究区域麦—稻—稻三熟区温度适宜度及其气候倾向率分布如图 4.11 所示。由图 4.11a 可见，1951—2010 年麦—稻—稻三熟区温度适宜度在 0.68～0.83，温度适宜度高于 0.81 的地区主要分布在广西南部和广东南部；温度适宜度在 0.77～0.81 之间的地区主要分布在广西大部、广东大部、湖南南部、江西南部和浙江中部；温度适宜度在 0.73～0.77 之间的地区主要分布在湖南东北部和中部、江西北部、福建大部、浙江部分地区、广西北部和广东北部；温度适宜度低于 0.73 的地区主要分布在湖南西部、江西南部部分地区以及福建西北部部分地区。由图 4.11b 可知，1951—2010 年研究区域麦—稻—稻三熟区 78% 的站点温度适宜度呈增大趋势，每 10 年增大 0.009，其中 17% 的站点增幅较大，每 10 年增大 0.019，主要分布在湖南北部、江西北部、浙江北部和福建西部。研究区域麦—稻—稻三熟区温度适宜度呈由南向北递减空间分布特征。

如图 4.11c 和图 4.11e 所示，1981—2010 年的麦—稻—稻三熟区温度适宜度较 1951—1980 年的略大，主要表现为温度适宜度低于 0.73 的地区分布范围明显缩小。如图 4.11d 和图 4.11f 所示，1951—1980 年研究区域麦—稻—稻三熟区 75% 的站点温度适宜度呈增大趋势,每10年增大0.027,其中50%的站点增幅较大,每10年增大0.038,主要分布在广东、湖南北部、江西北部、福建和浙江中部;1981—2010年58%的站点呈增大趋势,平均每10年增大0.012,其中22%的站点增幅较大,每10年增大0.022,主要分布在湖南北部、江西北部、浙江北部和福建西北部。

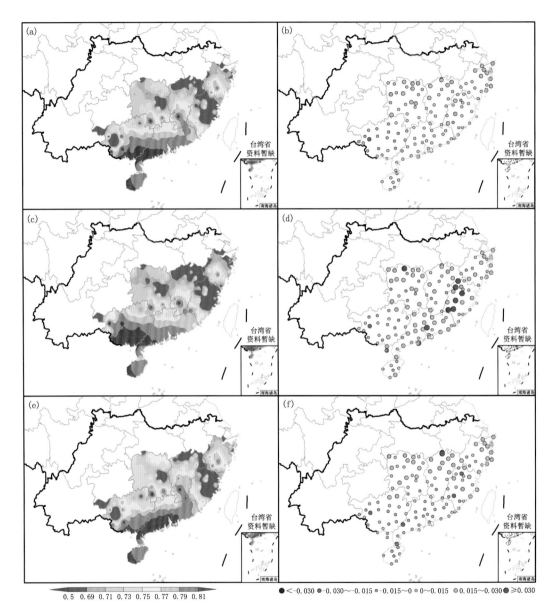

图4.11 1951—2010年研究区域麦—稻—稻三熟区温度适宜度(a、c、e)及其气候倾向率(b、d、f)空间分布
(a、b)1951—2010年;(c、d)1951—1980年;(e、f)1981—2010年

(2)降水适宜度

图4.12为1951—2010年研究区域麦—稻—稻三熟区降水适宜度及其气候倾向率空间分布。从图4.12a可以看出,1951—2010年麦—稻—稻三熟区降水适宜度在0.28~0.43,降水

适宜度高于 0.37 的地区主要分布在广西大部、湖南西部、浙江东部和中部;降水适宜度在 0.35~0.37 之间的地区主要分布在广西周边地区、广东北部、湖南大部、江西南部和浙江西南部;降水适宜度在 0.33~0.35 之间的地区主要分布在广东东南部、福建北部和江西中部;降水适宜度低于 0.33 的地区主要分布在江西北部和福建南部。由图 4.12b 可知,1951—2010 年研究区域麦—稻—稻三熟区 63% 的站点降水适宜度呈增大趋势,每 10 年增大 0.007。麦—稻—稻三熟区降水适宜度呈西部高、东部低空间分布特征。

图 4.12c 和图 4.12e 显示,1981—2010 年的麦—稻—稻三熟区降水适宜度较 1951—1980 年略小,主要表现在广西东部由 1951—1980 年的高于 0.37 减小为 1981—2010 年的 0.35~

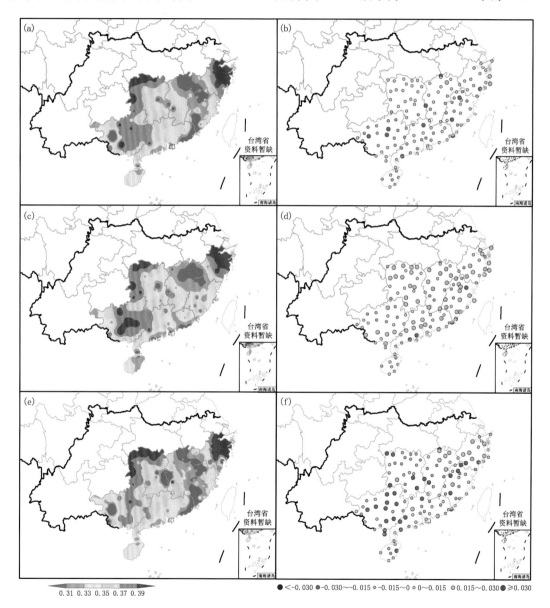

图 4.12　1951—2010 年研究区域麦—稻—稻三熟区降水适宜度(a、c、e)及其气候倾向率(b、d、f)空间分布
(a,b)1951—2010 年;(c,d)1951—1980 年;(e,f)1981—2010 年

0.36；湖南南部及广东西北部由 1951—1980 年的 0.35～0.37 减小为 1981—2010 年的 0.33～0.35；福建南部由 1951—1980 年的 0.35～0.37 减小为 1981—2010 年的低于 0.33。如图 4.12d 和图 4.12f 所示，1951—1980 年研究区域麦—稻—稻三熟区 75％的站点降水适宜度呈增大趋势，每 10 年增大 0.022，其中 42％的站点增幅较大，每 10 年增大 0.032，主要分布在湖南、广西南部、广东、福建、浙江中部和江西北部；1981—2010 年 60％的站点呈减小趋势，每 10 年减小 0.017，其中 22％的站点减幅较大，每 10 年减小 0.034，主要分布在广西东部、广东西南部、湖南南部和福建西部。

（3）光照适宜度

图 4.13 为 1951—2010 年研究区域麦—稻—稻三熟区光照适宜度及其气候倾向率空间分布。由图 4.13a 可见，1951—2010 年麦—稻—稻三熟区光照适宜度在 0.33～0.69，光照适宜度高于 0.48 的地区主要分布在广东西南部和东部小部分地区、福建南部以及浙江中部；光照适宜度在 0.44～0.48 之间的地区主要分布在广东南部、福建北部和浙江南部；光照适宜度在 0.40～0.44 之间的地区主要分布在广西南部、广东北部、江西和湖南大部；光照适宜度低于 0.40 的地区主要分布在广西北部。由图 4.13b 可知，1951—2010 年研究区域麦—稻—稻三熟区 90％的站点光照适宜度呈减小趋势，每 10 年减小 0.017，其中 54％的站点减幅较大，每 10 年减小 0.023，主要分布在广西西部和中部、广东、福建西部、浙江、江西北部以及湖南北部。研究区域麦—稻—稻三熟区光照适宜度呈由东南向西北递减空间特征。

由图 4.13c 和图 4.13e 可知，1981—2010 年麦—稻—稻三熟区光照适宜度较 1951—1980 年的明显减小，主要表现为光照适宜度低于 0.40 的地区明显扩大，同时光照适宜度高于 0.48 的地区明显减小。如图 4.13d 和图 4.13f 所示，1951—1980 年研究区域麦—稻—稻三熟区 71％的站点光照适宜度呈减小趋势，每 10 年减小 0.022，其中 44％的站点减幅较大，每 10 年减小 0.030，分布范围较广；1981—2010 年研究区域麦—稻—稻三熟区 62％的站点呈减小趋势，每 10 年减小 0.021，其中 35％的站点减幅较大，每 10 年减小 0.031，主要分布在广西西部、广东、浙江和湖南西北部。

（4）气候适宜度

图 4.14 为 1951—2010 年研究区域麦—稻—稻三熟区气候适宜度及其气候倾向率空间分布。由图 4.14a 可见，1951—2010 年麦—稻—稻三熟区气候适宜度在 0.38～0.59，气候适宜度高于 0.53 的地区主要分布在广东西南部和东部、浙江中部以及福建南部；气候适宜度在 0.51～0.53 之间的地区主要分布在广西东南部、广东南部、江西南部、湖南大部、福建中部和浙江西部；气候适宜度在 0.49～0.51 之间的地区主要分布在广西北部、广东北部和福建北部；气候适宜度低于 0.49 的地区主要分布在江西北部。由图 4.14b 可知，1951—2010 年研究区域麦—稻—稻三熟区 75％的站点气候适宜度呈减小趋势，每 10 年减小 0.009，其中 12％的站点减幅较大，每 10 年减小 0.020，主要分布在广西南部和福建南部。研究区域麦—稻—稻三熟区气候适宜度在空间分布上呈由东南向西北递减的特征。

由图 4.14c 和图 4.14e 可知，1981—2010 年的麦—稻—稻三熟区气候适宜度较 1951—1980 年的明显减小，主要表现为气候适宜度低于 0.49 的地区明显扩大，同时气候适宜度高于 0.53 的地区明显减小。如图 4.14d 和图 4.14f 所示，1951—1980 年研究区域麦—稻—稻三熟区 69％的站点气候适宜度呈减小趋势，每 10 年减小 0.013，其中 25％的站点减幅较大，每 10 年减小 0.022，主要分布在广西北部、广东和福建；1981—2010 年 54％的站点呈增大趋势，每

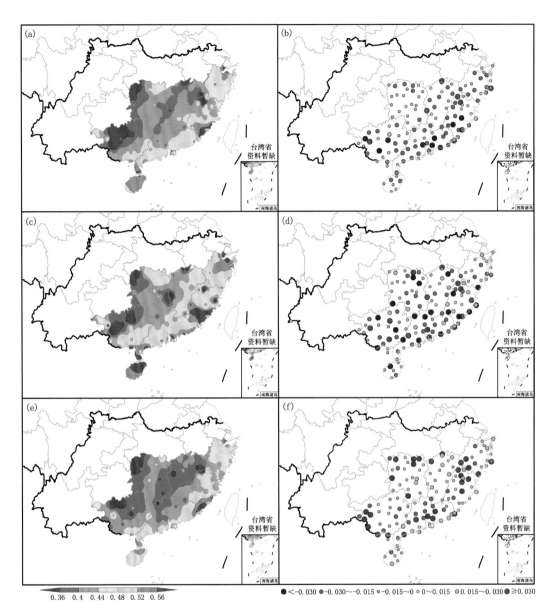

图 4.13　1951—2010 年研究区域麦—稻—稻三熟区光照适宜度(a、c、e)及其气候倾向率(b、d、f)空间分布
(a、b)1951—2010 年;(c、d)1951—1980 年;(e、f)1981—2010 年

10 年增大 0.022,其中 28% 的站点增幅较大,每 10 年增大 0.035,主要分布在湖南北部、江西北部、浙江和福建北部。

1951—2010 年研究区域麦—稻—稻三熟区气候适宜度时间演变趋势如图 4.15 所示。由图 4.15a 麦—稻—稻三熟区温度适宜度 M-K 曲线可见,图中 UF 曲线在 1953 年以后始终大于 0,且 1957—2010 年超过显著性水平 0.05 临界线,表明麦—稻—稻三熟区温度适宜度在 1953—2010 年呈增大趋势,且 1957—2010 年增幅较大。UF 与 UB 曲线相交于 1958 年和 1986 年,为麦—稻—稻三熟区温度适宜度的突变点。

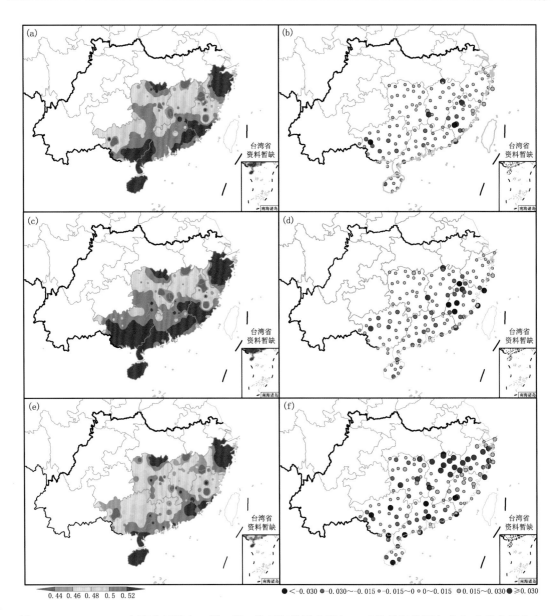

图 4.14　1951—2010 年研究区域麦—稻—稻三熟区气候适宜度(a、c、e)及其气候倾向率(b、d、f)空间分布
(a,b)1951—2010 年;(c,d)1951—1980 年;(e,f)1981—2010 年

图 4.15b 麦—稻—稻三熟区降水适宜度 UF 曲线在 1953—2010 年始终大于 0,且 1958—1998 年超过显著性水平 0.05 临界线,表明 1953—2010 年麦—稻—稻三熟区降水适宜度呈增大趋势,且 1958—1998 年增大趋势明显。根据 UF 与 UB 曲线相交的位置,确定麦—稻—稻三熟区降水适宜度增大从 1953 年开始。

图 4.15c 麦—稻—稻三熟区光照适宜度 UF 曲线在 1951—1987 年始终大于 0,1987—2010 年始终小于 0,表明麦—稻—稻三熟区光照适宜度在 1951—1987 年间呈增大趋势,在 1987—2010 年间呈减小趋势;1962—1973 年及 1995—2010 年 UF 曲线分别通过了 $p=0.05$ 临界线,表明麦—稻—稻三熟区光照适宜度在 1962—1973 年增幅较大,在 1995—2010 年减幅较大。

根据 UF 与 UB 曲线相交的位置,确定麦—稻—稻三熟区光照适宜度的减小是从 1987 年开始。

图 4.15d 麦—稻—稻三熟区气候适宜度 M-K 曲线中 UF 曲线在 1955—1993 年始终大于 0,表明麦—稻—稻三熟区气候适宜度在 1955—1993 年呈增大趋势;UF 曲线在 1961—1976 年超过显著性水平 0.05 临界线,表明麦—稻—稻三熟区气候适宜度在 1961—1976 年增幅较大。图中 UF 与 UB 曲线相交于 1987 年和 2001 年,表明麦—稻—稻三熟区气候适宜度存在三个突变点。

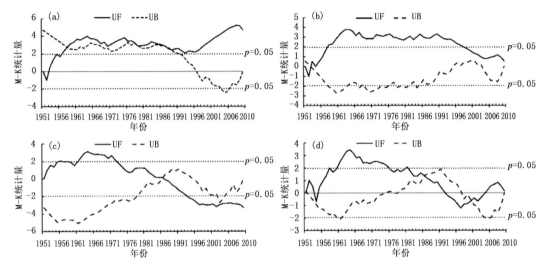

图 4.15　1951—2010 年研究区域麦—稻—稻三熟区气候适宜度 M-K 曲线

(a)温度;(b)降水;(c)光照;(d)气候

(UF 和 UB 为 Mann-Kendall 突变检验的统计量,曲线交点为突变点)

4.4　未来气候情景下南方主要稻作制气候适宜度

在本书 4.3 节基础上,本节基于未来气候情景(A1B)资料,分别分析了 2011—2040 年、2041—2070 年和 2071—2100 年 3 个时段的麦—稻两熟区、麦—稻—稻三熟区气候适宜度。

4.4.1　麦—稻两熟区气候适宜度

根据本书第 2 章气候适宜度分析方法,分析研究区域未来气候情景(A1B)下麦—稻两熟区气候适宜度,如图 4.16 所示。

由图 4.16 可以看出,未来气候情景(A1B)下,2011—2040 年研究区域麦—稻两熟区气候适宜度南部高于北部、东部高于西部,其中高值区(>0.7)主要位于海南和广东两省、贵州和广西大部、云南东部、江西和福建南部地区;低值区(<0.6)的地区主要位于四川盆地的北部边缘地区(图 4.16a)。2041—2070 年研究区域麦—稻两熟区气候适宜度的高值区(>0.7)则收缩到海南、云南大部以及贵州和广西的小部分地区;同时,位于四川盆地的低值区(<0.6)向东扩展,安徽和江苏大部麦—稻两熟区气候适宜度低于 0.6(图 4.16b)。到 21 世纪末期(2071—2100 年),研究区域麦—稻两熟区气候适宜度高值区没有明显变化,但低值区面积进一步向东向南扩展,低值区主要位于安徽、江苏、江西和浙江中北部地区以及湖南东北部地区,甚至福建

东南部分地区也有分布(图 4.16c)。

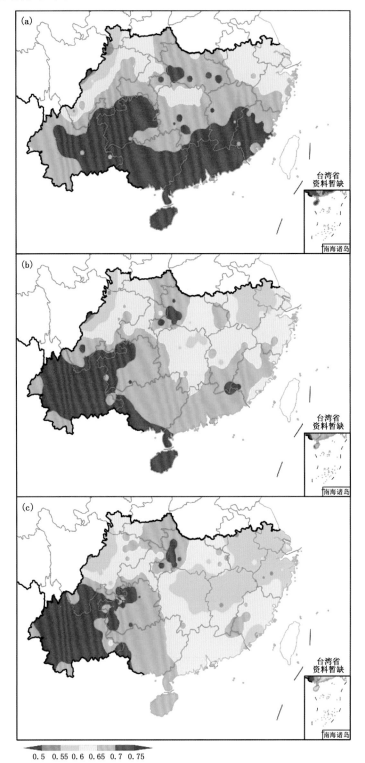

图 4.16　未来气候情景下(A1B)研究区域麦—稻两熟区气候适宜度空间分布
(a)2011—2040 年;(b)2041—2070 年;(c)2071—2100 年

　　综上所述,未来气候情景(A1B)下,研究区域麦—稻两熟区气候适宜度呈南高北低、东高西低的空间分布特征,且总体上呈下降趋势。研究区域麦—稻两熟区气候适宜度高值区(>0.7)由云贵高原、华南缩小至云南,而低值区(<0.6)由安徽、江苏等地扩展到两湖地区。表明未来气候情景(A1B)下,长江中下游麦—稻两熟种植的风险增加。

4.4.2　麦—稻—稻三熟区气候适宜度

　　研究区域未来气候情景(A1B)下麦—稻—稻三熟区气候适宜度空间分布如图 4.17 所示。

　　由图 4.17 可以看出,2011—2040 年,研究区域麦—稻—稻三熟区气候适宜度呈南部高、北部低的空间分布特征。研究区域未来气候情景(A1B)下麦—稻—稻三熟区气候适宜度总体上呈增大趋势,但高值区面积有所减小,低值区面积有所增大。其中,长江中下游地区的麦—稻—稻三熟区气候适宜度一直在 0.6 以下,与 2011—2040 年相比,21 世纪末的麦—稻—稻三熟区气候适宜度有所降低,其中以鄱阳湖平原、海南、广东和福建沿海地区较为突出。可能的原因是由于未来高温日数增多,以及沿海地区降水增多、辐射减少,该地区麦—稻—稻三熟种植的风险增加。

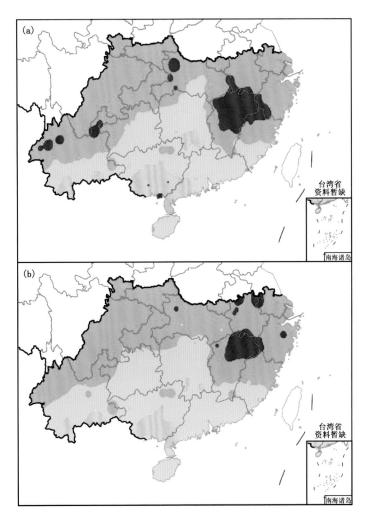

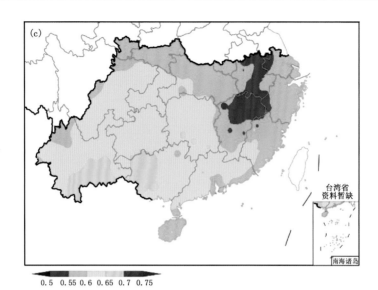

图 4.17　研究区域未来气候情景下(A1B)麦—稻—稻三熟区气候适宜度空间分布
(a)2011—2040 年;(b)2041—2071 年;(c)2071—2100 年

4.5　小结

　　本章以水稻潜在生长季与理论生长季比值作为指标,明确了研究区域 1951—2100 年 5 个时段主要稻作制种植北界演变格局,阐明了麦—稻两熟区和麦—稻—稻三熟区的光照、温度、降水适宜度和气候适宜度,以及未来气候情景(A1B)下的气候适宜度,明确了未来气候情景下研究区域影响稻作制气候适宜度的可能原因。

参 考 文 献

高亮之,李林,1992. 水稻气象生态学[M]. 北京:中国农业出版社.

刘巽浩,韩湘玲,1987. 中国耕作制度区划[M]. 北京:北京农业大学出版社.

千怀遂,焦士兴,赵峰,2005. 河南省冬小麦气候适宜性变化研究[J]. 生态学杂志,24(5):503-507.

杨晓光,刘志娟,陈阜,2010. 全球气候变暖对中国种植制度可能影响Ⅰ.气候变暖对中国种植制度北界和粮食产量可能影响的分析[J]. 中国农业科学,43(2):329-336.

俞芬,千怀遂,段海来,2008. 淮河流域水稻的气候适宜度及其变化趋势分析[J]. 地理科学,28(4):537-542.

赵锦,杨晓光,刘志娟,等,2010. 全球气候变暖对中国种植制度可能影响Ⅱ.南方地区气候要素变化特征及对种植制度界限可能影响[J]. 中国农业科学,3(9):1860-1867.

第 5 章　气候变化与空气污染对水稻产量影响

　　气候变化背景下南方稻作区水稻全生育期内农业气候资源变化明显、气溶胶污染严重,直接影响水稻生长发育和产量。本章基于气象和水稻作物资料,利用大气化学模型和调参验证后的水稻模型(ORYZA),结合数理统计分析方法,明确气候变化和气溶胶污染对水稻生育进程和产量的影响,解析现有生产水平条件下水稻产量提升空间,为水稻适应气候变化提供科学依据。

5.1　气候变化对南方水稻生育期和产量的影响

　　基于本书第 2 章调参验证后的水稻模型 ORYZA,定量解析气候单一要素变化对南方水稻生育进程和产量影响程度。由于南方稻作区降水和灌溉基本满足水稻水分需求,本章仅评估太阳辐射(SR)、日最高气温(T_{max})和日最低气温(T_{min})对水稻生育进程和产量的影响。在此设置了辐射变化(RUN_SR)、日最高气温变化(RUN_T_{max})和日最低气温变化(RUN_T_{min})3 种模拟情景:以 RUN_SR 为例,采用 1981—2010 年太阳辐射数据,而其他要素逐日数据与 1981 年一致。在分离太阳辐射、日最高气温和日最低气温对水稻生育进程和产量的影响时,假设水稻全生育期内水分和氮肥不受限制,且研究时段内水稻品种和其他栽培管理措施保持一致,如表 5.1 所示。

表 5.1　模拟情景设置

模拟情景	太阳辐射(SR)	日最高气温(T_{max})	日最低气温(T_{min})
RUN_SR	实测数据	1981 年逐日观测数据	1981 年逐日观测数据
RUN_T_{max}	1981 年逐日观测数据	实测数据	1981 年逐日观测数据
RUN_T_{min}	1981 年逐日观测数据	1981 年逐日观测数据	实测数据

5.1.1　气候变化对生育进程的影响

　　根据积温理论,其他环境条件满足时,作物生长发育进程主要受积温影响。基于气象和作物资料,分析了 1981—2010 年气温变化对水稻生育进程影响,如表 5.2 所示。由表 5.2 可见,1981—2010 年日最高气温和日最低气温变化对长江中下游中稻生育进程影响最大,其中,日最高气温变化导致江苏中稻生育进程缩短 5.5 d,日最低气温变化导致江苏中稻生育进程缩短 7.1 d。在长江中下游稻作区,日最高气温和日最低气温变化导致中稻生育进程变化最小的省份是湖北。

表 5.2　1981—2010 年气温变化导致水稻生育进程变化　　　　　　　　　　　　　　　单位:d

作物	省(区)	气温变化导致生育进程变化	
		日最高气温	日最低气温
中稻	江苏	−5.5	−7.1
	湖北	−2.3	−1.3
	安徽	−3.3	−3.9
双季早稻	浙江	+0.1	−1.0
	江西	−1.7	−1.5
	湖南	−1.1	−1.2
	广西	+0.9	−0.9
	广东	+0.7	−0.4
	福建	−0.8	−0.7
双季晚稻	浙江	+0.1	−1.2
	江西	−3.0	−1.7
	湖南	−4.4	−1.6
	广西	−1.2	−0.3
	广东	−0.2	+0.1
	福建	−0.2	+0.1

注:"+"为生育进程延长;"−"为生育进程缩短。

日最高气温和日最低气温变化导致双季早稻生育进程缩短最明显的是江西,生育进程分别缩短 1.7 和 1.5 d,其次是湖南和福建。广东和广西日最高气温变化导致双季早稻生育进程分别延长 0.7 和 0.9 d,而日最低气温变化导致双季早稻生育进程分别缩短 0.4 和 0.9 d。日最高气温和日最低气温变化导致双季晚稻的生育进程变化幅度总体大于双季早稻。江西和湖南日最高气温变化导致双季晚稻生育进程分别缩短 3.0 和 4.4 d,日最低气温变化导致双季晚稻生育进程缩短幅度小于日最高气温,分别缩短 1.7 和 1.6 d。

综上所述,我国南方稻作区 1981—2010 年日最高气温和日最低气温变化对中稻生育进程影响程度最大,其次为双季晚稻,而对双季早稻生育进程影响程度最小。日最高气温导致双季稻生育进程变化幅度总体大于日最低气温。

图 5.1 和图 5.2 分别为 1981—2010 年日最高气温和日最低气温变化对各省(区)水稻生育进程影响时间演变趋势。由图可知,日最高气温变化导致福建和广西双季早稻生育进程缩短幅度随时间呈显著增大趋势;日最高气温变化导致广东双季晚稻生育进程缩短幅度随时间呈极显著减小趋势。日最低气温变化导致各省(区)水稻生育进程变化时间趋势与日最高气温不同。日最低气温变化导致安徽、湖北和江苏中稻以及广西、湖南、江西和浙江双季早稻生育进程缩短幅度随时间呈明显增大趋势。同时,日最低气温导致双季晚稻生育进程缩短幅度随时间呈明显增大趋势,双季晚稻生育进程缩短幅度随时间变化幅度最大的为福建。

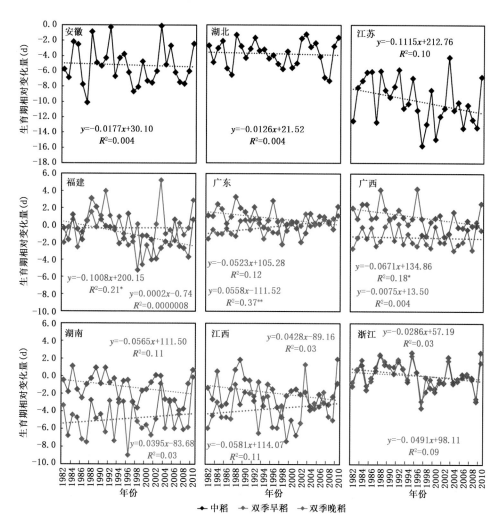

图 5.1　1981—2010 年日最高气温变化对水稻生育进程影响时间演变趋势

（图中 y 为以 1981 年为基准逐年计算日最高气温变化引起的水稻生育期相对变化量（d）；x 为年份；R^2 为水稻生育期相对变化量与年份一元线性回归的决定系数。＊为 $p<0.05$，＊＊为 $p<0.01$）

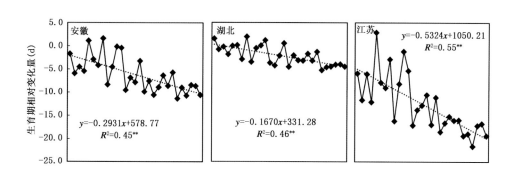

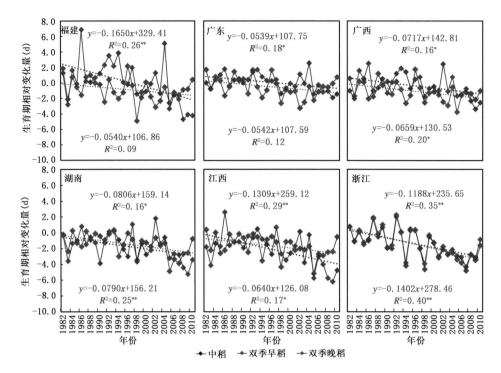

图 5.2 1981—2010 年日最低气温变化对水稻生育进程影响时间演变趋势

(图中 y 为以 1981 年为基准逐年计算日最低气温变化引起的水稻生育期相对变化量(d);x 为年份;
R^2 为水稻生育相对变化量与年份一元线性回归的决定系数。* 为 $p<0.05$,** 为 $p<0.01$)

5.1.2 气候变化对产量的影响

在水分和氮肥不受限制时,水稻产量形成主要受太阳辐射和温度综合影响,本节重点分析 1981—2010 年太阳辐射和温度变化对研究区域水稻产量影响,如表 5.3、图 5.3、图 5.4 和图 5.5 所示。由表 5.3 可见,1981—2010 年太阳辐射变化使江苏和安徽中稻产量分别提高 4.1% 和 2.6%;湖北中稻产量降低 3.3%。太阳辐射变化使双季早稻产量有不同程度降低,其中降低程度最大的是湖南和江西,分别降低 14.8% 和 12.2%;太阳辐射变化引起研究区域其他省份双季早稻产量降低程度由高到低依次为福建、广西、广东和浙江;太阳辐射变化引起浙江双季早稻产量降低仅为 0.5%。对双季晚稻而言,太阳辐射变化的影响在不同省份差异较大,浙江和湖南太阳辐射变化引起双季晚稻产量分别降低 4.9% 和 3.8%;而研究区域其他省(区),太阳辐射变化均使双季晚稻产量增加,增加程度由高到低依次为广东、广西、福建和江西,且太阳辐射变化使双季晚稻产量最多提高 15.0%。

表 5.3 1981—2010 年气候变化导致的水稻产量的变化 　　　　　　　　　　　　　　　　　　　单位:%

作物	省(区)	太阳辐射引起	日最高气温引起	日最低气温引起
	江苏	+4.1	−3.9	−5.2
中稻	湖北	−3.3	−3.3	−2.3
	安徽	+2.6	−5.5	−5.0

续表

作物	省（区）	太阳辐射引起	日最高气温引起	日最低气温引起
双季早稻	浙江	−0.5	−7.9	−0.2
	江西	−12.2	+0.9	0.0
	湖南	−14.8	+1.2	−0.4
	广西	−6.9	−2.8	−4.3
	广东	−3.2	+0.2	−1.2
	福建	−8.6	−1.6	−5.3
双季晚稻	浙江	−4.9	−1.1	−1.7
	江西	+1.2	−4.6	−2.5
	湖南	−3.8	−4.3	−3.1
	广西	+8.7	−3.7	−0.1
	广东	+15.0	−2.8	+1.5
	福建	+6.2	−2.4	+0.8

注："＋"为产量增加；"－"为产量降低。

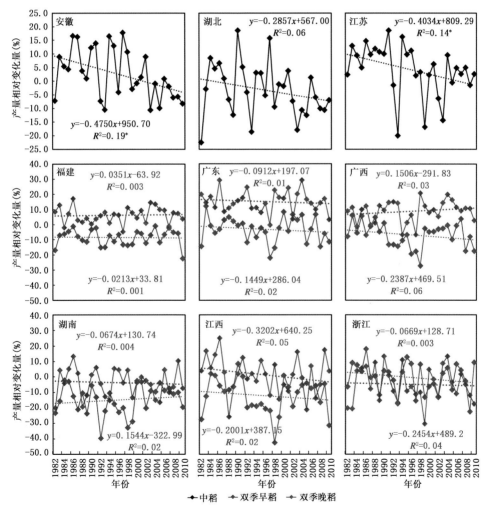

图 5.3　1981—2010 年太阳辐射变化对水稻产量影响时间演变趋势

（图中 y 为以 1981 年为基准逐年计算太阳辐射变化引起的水稻产量相对变化量（%）；x 为年份；

R^2 为水稻产量相对变化量与年份一元线性回归的决定系数。＊为 $p < 0.05$）

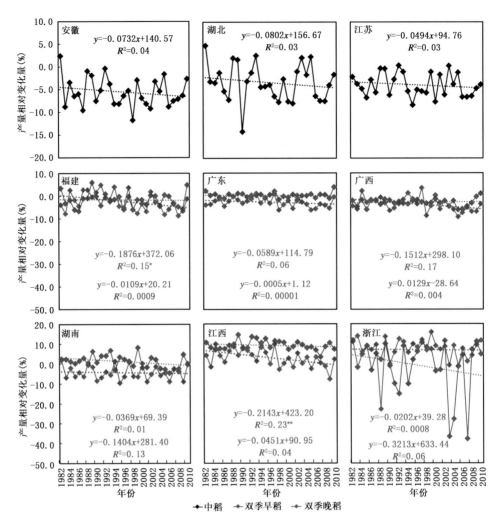

图 5.4　1981—2010 年日最高气温变化对水稻产量影响时间演变趋势

（图中 y 为以 1981 年为基准逐年计算日最高气温变化引起的水稻产量相对变化量（％）；x 为年份；

R^2 为水稻产量相对变化量与年份一元线性回归的决定系数。＊为 $p<0.05$，＊＊为 $p<0.01$）

日最高气温和日最低气温变化导致研究区域内中稻和双季稻产量除江西、湖南、广东双季早稻和广东、福建双季晚稻外，总体上呈不同程度降低趋势。日最高气温和日最低气温变化引起的中稻产量降低程度分别为 3.3％～5.5％和 2.3％～5.2％。日最高气温变化引起双季早稻产量最多降低 7.9％（浙江），而日最低气温变化引起双季早稻产量最多降低 5.3％（福建）；日最高气温变化引起双季晚稻产量最多降低 4.6％（江西），日最低气温变化引起双季晚稻产量最多降低 3.1％。

综上所述，研究区域 1981—2010 年太阳辐射变化使双季早稻产量降低，但对中稻和双季晚稻影响程度在各省（区）幅度不同。日最高气温和日最低气温变化导致中稻和双季稻产量总体上降低，日最高气温和日最低气温变化对中稻产量影响程度差异不大。日最高气温和日最低气温变化对双季早稻产量影响程度高于双季晚稻，且日最高气温变化的影响程度高于日最低气温。

　　图 5.3、图 5.4 和图 5.5 分别为 1981—2010 年太阳辐射、日最高气温和日最低气温变化对各省(区)水稻产量影响时间演变趋势。由图 5.3 可知,太阳辐射变化导致安徽和江苏中稻产量随时间呈显著降低趋势,但对双季早稻和双季晚稻产量的影响程度的时间演变特征趋势不显著。由图 5.4 和图 5.5 可见,日最高气温和日最低气温变化均使水稻产量随时间变化除广西双季早稻外总体上呈降低趋势。其中,日最高气温变化导致福建和江西双季晚稻产量呈显著降低趋势;但对其他省份水稻产量影响的时间变化趋势并不显著。日最低气温变化导致安徽、湖北、江苏中稻产量随时间呈显著降低趋势;且导致湖南和浙江的双季早稻以及福建、江西、浙江双季晚稻产量随时间呈显著降低趋势。

　　综上所述,太阳辐射变化导致中稻产量变化基本随时间变化呈显著降低趋势,但对双季稻产量影响时间演变趋势并不明显。日最高气温和日最低气温变化均导致中稻和双季稻产量随时间变化总体上呈降低趋势。

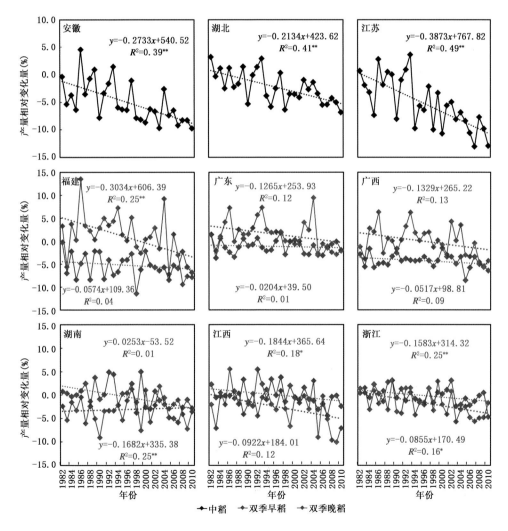

图 5.5　1981—2010 年日最低气温变化对水稻产量影响时间演变趋势

(图中 y 为以 1981 年为基准逐年计算日最低气温变化引起的水稻产量相对变化量(%);x 为年份;R^2 为水稻产量相对变化量与年份一元线性回归的决定系数。 * 为 $p<0.05$, ** 为 $p<0.01$)

5.2 水稻光温产量潜力和产量差分布特征

作物光温产量潜力是由当地辐射和热量资源决定的产量上限,是指水稻在良好的生长状态下,不受水分、氮肥限制及病虫害的胁迫,采用当地适宜品种,在适宜土壤条件和适宜管理措施下获得的产量(van Ittersum et al.,2013)。由于水稻实际产量与光温产量潜力存在区域差异,因此,水稻产量提升空间也存在区域差异,为了进一步厘清研究区域水稻产量提升空间,本章利用调参验证后的水稻模型 ORYZA 模拟研究区域各站点逐年水稻光温产量潜力,分析光温产量潜力时间演变趋势和空间分布特征,并结合省级水稻实际产量,量化研究区域各省(区、市)水稻产量差和产量提升空间。

5.2.1 水稻光温产量潜力时空分布特征

在利用水稻模型模拟水稻光温产量时,假设 1981—2010 年水稻品种每 10 年更替一次。品种为农业气象观测站的高产品种,对没有水稻观测资料的气象站,采用同一区域相邻站点的水稻品种参数。各年份水稻出苗日期和移栽日期以农业气象观测站实际播种日期设定,移栽密度以当地平均水平设定。模型中自动补充灌溉和施肥,确保水稻生长过程中不受水分和氮肥限制。

图 5.6、图 5.7 和图 5.8 分别为 1981—2010 年研究区域水稻光温产量潜力空间分布、各省(区、市)平均值和变化趋势空间分布,其中双季稻种植区域水稻光温产量潜力为双季早稻和

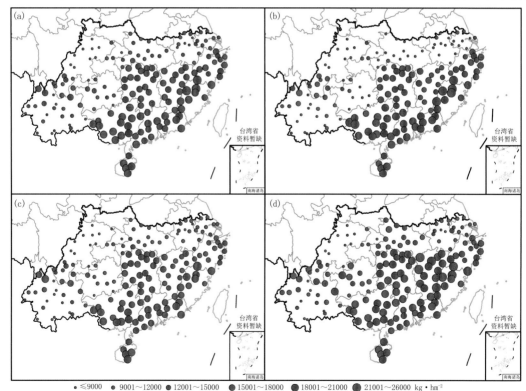

图 5.6　1981—2010 年研究区域水稻光温产量潜力空间分布特征

(a)1981—2010 年;(b)1981—1990 年;(c)1991—2000 年;(d)2001—2010 年

双季晚稻光温产量潜力之和。由图 5.6 可见,水稻光温产量潜力空间上呈由东南向西北逐渐减小趋势。对中稻而言结合图 5.7 可知,1981—2010 年中稻光温产量潜力最高的为贵州,平均为 11227 kg·hm^{-2},其后依次为湖北、江苏和云南,水稻光温产量潜力均在 10222 kg·hm^{-2} 以上。安徽和四川中稻光温产量潜力最低,分别为 9303 和 9250 kg·hm^{-2}。在品种更替条件下,除重庆和四川之外,各省(区)中稻光温产量潜力均随时间呈提高趋势,光温产量潜力提高幅度最大的是贵州和湖北,其中贵州 2001—2010 年中稻平均光温产量潜力较 1981—1990 年提高 5815 kg·hm^{-2}。水稻光温产量潜力时间变化趋势空间分布如图 5.8 所示,由此可见,在品种更替条件下四川部分地区和重庆中稻光温产量潜力呈略微降低趋势,降低幅度最大的为四川的西昌,平均每 10 年降低 775 kg·hm^{-2};其余所有站点中稻光温产量潜力均随时间呈提高趋势,提高幅度最大的为贵州的盘县,平均每 10 年提高 4498 kg·hm^{-2}。

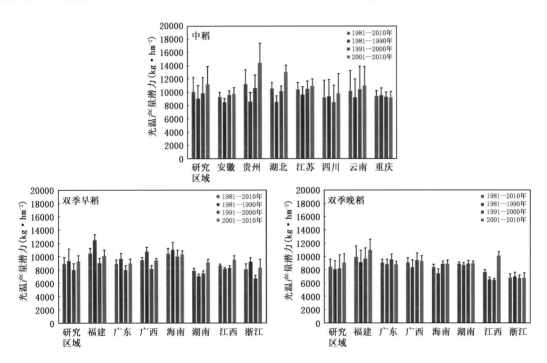

图 5.7　1981—2010 年研究区域及各省(区、市)水稻光温产量潜力不同时段平均值

对双季稻而言,1981—2010 年研究区域双季稻总的光温产量潜力呈由南向北逐渐降低趋势。双季稻光温产量潜力最高为福建的浦城和泰宁,分别为 23691 和 22984 kg·hm^{-2};其中双季早稻和双季晚稻光温产量潜力最高的均为福建,分别为 10529 和 9947 kg·hm^{-2}。双季稻总的光温产量潜力最低为浙江的鄞县,仅为 13083 kg·hm^{-2};浙江双季早稻和双季晚稻光温产量潜力分别为 8075 和 6840 kg·hm^{-2}。结合图 5.7 可知,双季稻产区,除湖南和广东之外,各省(区)双季早稻光温产量潜力普遍高于双季晚稻。比较不同年代,湖南和江西双季早稻光温产量潜力随时间呈提高趋势,其余各省(区)均呈降低趋势。与 1981—1990 年相比,2001—2010 年湖南双季早稻光温产量潜力提高 2094 kg·hm^{-2},而福建双季早稻光温产量潜力降低 2413 kg·hm^{-2}。除广东和浙江之外,各省(区)双季晚稻光温产量潜力均随时间变化呈提高趋势。与 1981—1990 年相比,2001—2010 年江西双季晚稻光温产量潜力提高 3621 kg·hm^{-2},

而广东和浙江双季晚稻光温产量潜力分别降低 45 和 183 kg·hm⁻²。由图 5.8 可知,品种更替条件下福建、广东、广西、海南及浙江双季稻总的光温产量潜力均呈略微降低趋势,光温产量潜力降低幅度最大的为广东的惠阳、增城和福建的泰宁,双季稻光温产量潜力平均每 10 年降低 1337～1347 kg·hm⁻²,表明水稻品种更替不足以抵消气候变化对光温产量潜力带来的负效应。湖南和江西双季稻光温产量潜力均随时间变化呈提高趋势,光温产量潜力提高幅度最大的为江西的南昌、宜春和修水一带,双季稻光温产量潜力平均每 10 年提高 3056～3068 kg·hm⁻²。

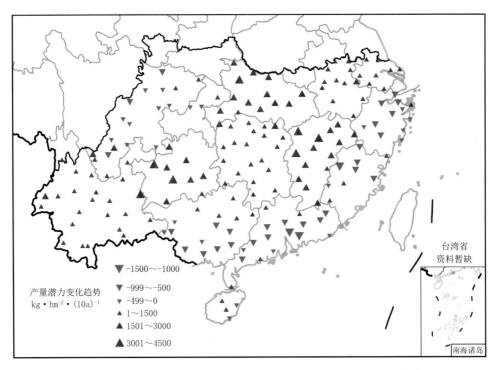

图 5.8　1981—2010 年研究区域水稻光温产量潜力变化趋势空间分布

5.2.2　水稻产量差

利用 ORYZA 水稻模型得到各站点逐年水稻光温产量潜力,结合省(区、市)水稻实际产量,计算得到各省(区、市)中稻、双季早稻和双季晚稻的产量差,如图 5.9 和图 5.10 所示。由图可见,1981—2010 年中稻产量差最大的为贵州,产量差达到 5731 kg·hm⁻²,占光温产量潜力的 51.0%;云南中稻产量差为 5045 kg·hm⁻²,占光温产量潜力的 49.0%,位居第二。中稻产量差相对较小的为四川、重庆和湖北,产量差分别为 2410、2494 和 2655 kg·hm⁻²,分别占各省(市)光温产量潜力的 26.1%、26.5% 和 25.1%。与 1981—1990 年相比,安徽、贵州和湖北 2001—2010 年中稻产量差呈增大趋势,分别增大 677、4012 和 2426 kg·hm⁻²;而江苏、四川、云南和重庆中稻产量差年代间变化不明显。总体而言,长江中下游和西南稻作区中稻产量差均随时间呈现增大趋势。

1981—2010 年双季早稻光温产量潜力与实际产量之间的产量差均达到各省(区、市)光温产量潜力的 30.0% 以上,其中双季早稻产量差最大的是海南和福建,分别为 5775 和 5437 kg·hm⁻²,分别占光温产量潜力的 55.3% 和 51.6%。双季早稻产量差最小的为湖南和

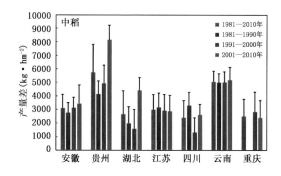

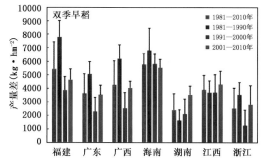

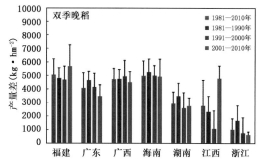

图 5.9　1981—2010 年研究区域各省(区、市)水稻光温产量潜力与实际产量之间的产量差

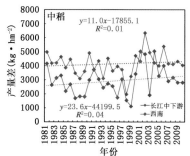

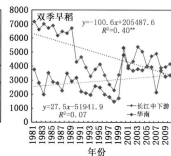

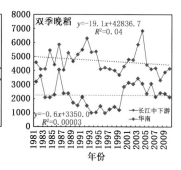

图 5.10　1981—2010 年研究区域水稻产量差演变趋势

(图中 y 为水稻产量差(kg·hm^{-2});x 为年份;R^2 为水稻产量差与年份

一元线性回归的决定系数。 ** 为 $p<0.01$)

浙江,分别为 2418 和 2536 kg·hm^{-2},分别占光温产量潜力的 30.6% 和 31.4%。与 1981—1990 年相比,湖南和江西 2001—2010 年双季早稻产量差呈增大趋势,分别增大 1887 和 602 kg·hm^{-2};而福建、广东、广西、海南和浙江双季早稻产量差呈明显缩小趋势,分别缩小 3155、1546、2172、1266 和 737 kg·hm^{-2}。总体而言,华南双季早稻产量差呈显著缩小趋势,平均每 10 年缩小 1006 kg·hm^{-2},但长江中下游双季早稻产量差随时间变化趋势并不明显。

1981—2010 年双季早稻、双季晚稻产量差具有明显的地区差异,其中福建、广西和海南双季晚稻产量差分别达到 5062、4732 和 4986 kg·hm^{-2},分别占光温产量潜力的 50.9%、52.2% 和 59.1%。双季晚稻产量差最小的为浙江省,仅为 1023 kg·hm^{-2},占光温产量潜力的 15.0%。与 1981—1990 年相比,福建和江西 2001—2010 年双季晚稻产量差分别增大 873 和 2442 kg·hm^{-2};其余各省(区、市)双季晚稻产量差均呈不同程度缩小趋势,缩小程度最大的为广东和浙江,分别缩小 1210 和 1057 kg·hm^{-2}。总体而言,华南和长江中下游双季晚稻光温产量潜力与实际产量之间的产量差随时间呈略微缩小趋势,因各省(区)存在差异,因此区域尺度产量差随时间变化趋势并不明显。

5.3 气溶胶污染对水稻产量的影响

气溶胶污染是近年来我国严重的环境问题之一,造成空气质量下降同时改变气候环境。已有研究表明,人为温室气体和气溶胶排放共同决定了未来气候的发展趋势(Liao et al.,2015),气溶胶对未来气候发展趋势贡献率达 30%～55%(Samset et al.,2018)。因此,评估我国未来气候变化影响,需同时考虑人为温室气体排放和气溶胶减排影响。因此,本章基于大气化学模型和水稻模型评估气溶胶污染对水稻影响。

5.3.1 气溶胶辐射效应对南方稻作区水稻产量影响

结合大气辐射传输模型(Column Radiation Model)(Yue et al.,2017)和水稻模型(ORYZA)(Li et al.,2017),模拟气溶胶对太阳总辐射和散射辐射的影响,在此基础上,评估气溶胶减少导致辐射变化对南方稻作区水稻产量的影响。为了使 ORYZA 能够模拟散射辐射对水稻产量的影响,我们对模型的光合效率模块进行了修改,并增加了散射辐射变率(Diffuse Ratio,DF)对产量的影响。

研究使用统计模型对我国农业气象观测站的气象和水稻产量数据进行回归分析,如图5.11 所示。结果表明,观测数据和模拟数据对总辐射和散射辐射比率的响应变化是一致的。

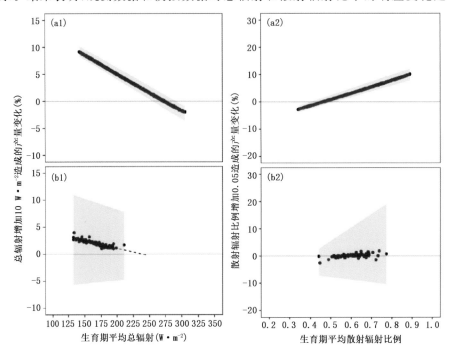

图 5.11　总辐射增加 10 W·m^{-2} 和散射辐射比例增加 0.05 水稻产量变化

(a1、a2)模拟结果;(b1、b2)观测数据

总辐射增加有利于产量提高,但是由于光饱和点作用该效应随着辐射增强而减弱。当总辐射量达到 275 W·m^{-2} 时(观测数据显示是 250 W·m^{-2}),辐射进一步增强对产量影响接近于 0。对于散射辐射比例而言,其转折点是 0.45,该值接近观测资料的转折点(0.55)。

综上所述,气溶胶导致散射辐射比例变化显著影响水稻产量,未来需要加强这方面研究。

5.3.2　大气复合污染对水稻产量的影响

2015—2019 年我国气溶胶污染显著降低,但臭氧浓度呈上升趋势(Zhang et al.,2017)。臭氧和气溶胶不同的变化趋势决定了大气污染对作物产量的复杂影响,因此需要综合考虑两者的共同影响。本节耦合大气化学模型(NASA ModelE2-YIBs)、水稻模型(ORYZA)和臭氧剂量响应模型(ozone dose-response),模拟当前臭氧和气溶胶污染对水稻产量的影响,并探讨我国未来实施空气污染治理政策之后对水稻产量的可能影响。

设置了 4 个情景:(1)当前气候(PD),即 2009—2011 年气候;(2)没有人为空气污染物排放情景(NAE),即没有人为空气污染排放的当前气候情景;(3)当前政策情景(CLE),即假设当前的空气污染治理政策延续到未来 2030 年时的情景;(4)潜在技术情景(MTFR),即假设我国采用最有效的空气污染治理技术后的污染水平。

将该研究使用的模型与已有观测和试验数据进行了比较,如图 5.12 所示。从图 5.12 可以看出,在当前气候条件下,人为污染物排放造成辐射下降 9.7～27.0 W·m^{-2},温度降低

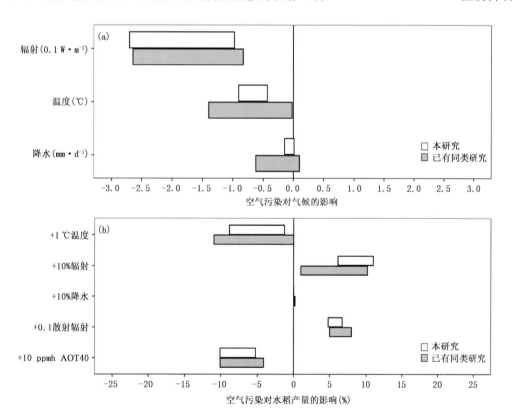

图 5.12　大气化学模型和水稻模型的敏感性与已有同类研究对比
(AOT40 为日臭氧浓度超过 40 ppb 的累计值,ppmh 为 AOT 暴露水平参数单位)

0.43～0.9 ℃,降水变化－0.14～0.01 mm·d^{-1},该结果与已有研究基本一致。水稻模型 ORYZA 的模拟结果也与基于统计模型和田间控制试验结果比较一致。

为了说明空气污染对南方稻作区水稻产量的影响程度在全国稻作区中位置,图 5.13 分析了不同情景下空气污染对全国各稻作区水稻产量的影响。由图 5.13 可知,如果我国继续执行当前空气污染治理政策,到 2030 年我国水稻产量将下降 5.4％,其中,臭氧增加导致水稻产量降低 2.3％,而气溶胶复合温室气体排放导致的气候条件将造成水稻产量降低 3.2％。

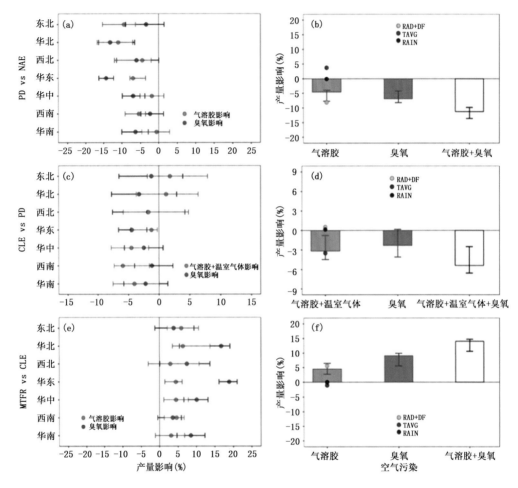

图 5.13　不同情景下空气污染对水稻产量的影响
(RAD 为太阳辐射,DF 为散射辐射,TAVG 为平均气温,RAIN 为降水;PD 为当前气候,
NAE 为没有人为空气污染物排放情景,CLE 为当前政策情景,MTFR 为潜在技术情景)

采用更为有效的空气污染治理技术将显著提升我国水稻产量。气溶胶下降导致水稻产量提高 4.5％,其中辐射增加导致水稻产量提高 5.6％,且该影响超过了升温对水稻产量的负面影响。臭氧的降低导致水稻产量提高是气溶胶效应的 2 倍。该情景下臭氧降低造成水稻产量提高 9.1％。气溶胶和臭氧复合影响带来水稻产量提高 14.0％。该产量的提高相当于水稻 1998—2016 年产量的提高(图 5.14)。

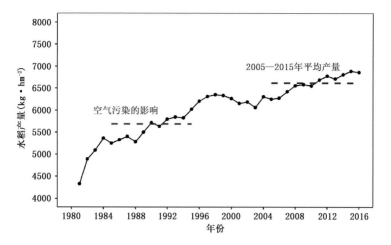

图 5.14　潜在技术情景下水稻产量同 1981—2016 年产量趋势的比较
（潜在技术情景指假设我国采用最有效的空气污染治理技术后的污染水平）

综上所述，我国未来空气污染治理需要关注气溶胶和臭氧综合治理，更有利于我国水稻生产。

5.4　小结

本章基于 ORYZA 模型模拟了气温和辐射变化条件下的水稻产量，明确了辐射变化、日最高气温和日最低气温升高对中稻和双季稻生育进程和产量的影响，分析了中稻和双季稻光温产量潜力时间演变趋势和空间分布特征，定量了水稻光温产量潜力与实际产量之间的产量差。评估了气溶胶辐射效应及其对水稻产量的影响程度。

参 考 文 献

LI T，ANGELES O，MARCAIDA M，et al，2017. From ORYZA2000 to ORYZA（v3）：An improved simulation model for rice in drought and nitrogen-deficient environments［J］. Agricultural and Forest Meteorology，237-238：246-256.

LIAO H，CHANG W Y，YANG Y，2015. Climatic effects of air pollutants over china：A review［J］. Advances in Atmospheric Sciences，32（1）：115-139.

SAMSET B H，SAND M，SMITH C J，et al，2018. Climate impacts from a removal of anthropogenic aerosol emissions［J］. Geophysical Research Letters，45（2）：1020-1029.

VAN ITTERSUM M K，CASSMAN K G，GRASSINI P，et al，2013. Yield gap analysis with local to global relevance—a review［J］. Field Crops Research，143（1）：4-17.

YUE X，UNGER N，2017. Aerosol optical depth thresholds as a tool to assess diffuse radiation fertilization of the land carbon uptake in China［J］. Atmospheric Chemistry and Physics，17（2）：1329-1342.

ZHANG T Y，LI T，YUE X，et al，2017. Impacts of aerosol pollutant mitigation on lowland rice yields in China［J］. Environmental Research Letters，12：104003.

第6章 一年三熟种植敏感带典型区域高温和低温灾害特征及其对水稻产量影响

气候变化背景下,南方稻作区农业气候资源和适宜性发生变化,一年三熟种植北界北移,三熟潜在种植区域扩大。本章以日平均气温≥0 ℃活动积温 5900 ℃·d 作为一年三熟种植界限热量指标(刘巽浩 等,1987),定量分析与 1951—1980 年相比 1981—2010 年一年三熟种植北界空间位移,预估 21 世纪中叶(2021—2050 年)和 21 世纪末(2071—2100 年)一年三熟种植界限演变趋势。根据本书第 2 章一年三熟种植北界指标和方法,计算确定 1981—2010 年、2021—2050 年和 2071—2100 年三个时段敏感带。

兼顾一年三熟种植敏感带和我国水稻主产区,本书第 6 章和第 7 章以长江中下游作为典型区域进行分析研究,重点分析湖北、安徽和江苏,以下简称敏感带。本章分析一年两熟(中稻)和一年三熟(双季早稻＋双季晚稻)水稻生育期内高温和低温特征,比较双季稻和中稻不同生育阶段高温和低温灾害发生次数、频率和强度及其变化特征,定量分析高温和低温灾害导致的双季稻和中稻减产率,明确一年三熟种植敏感带双季稻和中稻高温和低温灾害风险。

6.1 不同时段的一年三熟种植敏感带

6.1.1 1981—2010 年的敏感带

根据 1951—1980 年和 1981—2010 年一年三熟种植北界确定 1981—2010 年一年三熟种植敏感带,如图 6.1 所示。由图 6.1 可以看出,1981—2010 年一年三熟种植敏感带以长江中下游面积最大。与 1951—1980 年相比,1981—2010 年一年三熟种植面积增加 11.5 万 km²。

6.1.2 未来敏感带

在考虑 80％保证率前提下,分别将 2021—2050 年(2071—2100 年)与 1951—1980 年日平均气温≥0 ℃活动积温 5900 ℃·d 之间的区域确定为 2021—2050 年(2071—2100 年)种植敏感带,如图 6.2 所示。到 21 世纪中叶(2021—2050 年),一年三熟种植北界移出江苏、安徽,移到河北中部,覆盖整个河南;西移至四川盆地;湖北和湖南变化较小。21 世纪末(2071—2100 年),一年三熟种植北界将移出四川盆地。

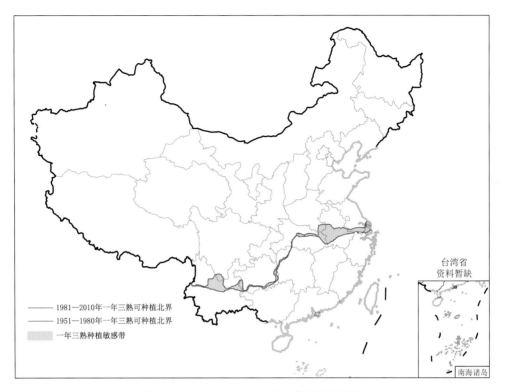

图 6.1　1981—2010 年一年三熟种植敏感带

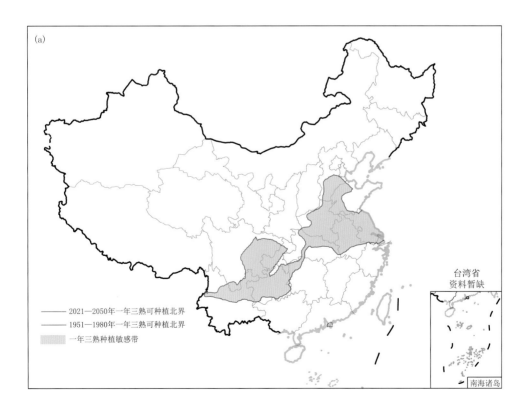

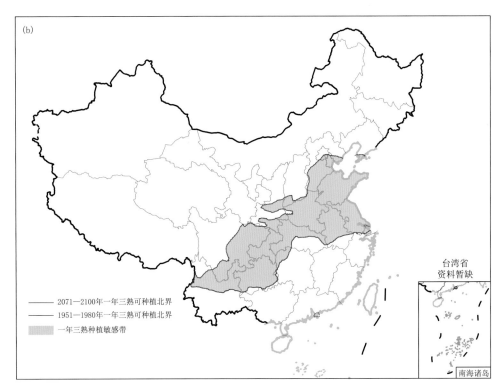

图 6.2　未来气候情景下一年三熟种植敏感带
(a)2021—2050 年；(b)2071—2100 年

6.2　历史气候条件下敏感带水稻生育期内高温和低温灾害特征及其对产量的影响

在此分析各站中稻、双季早稻和双季晚稻逐年全生育期和不同生育阶段高温和低温灾害特征。包括孕穗—抽穗期高温(BTX)、灌浆—成熟期高温(RTX)和全生育期高温(GTX)，以及秧田期低温(STN)、孕穗—抽穗期低温(BTN)、灌浆—成熟期低温(RTN)和全生育期低温(GTN)的发生次数、频率和强度，并基于水稻模型(ORYZA)定量分析高温和低温灾害对双季稻和中稻产量影响程度。

6.2.1　高温和低温特征

(1)各生育阶段高温特征

1)孕穗—抽穗期高温发生次数、频率和强度及发生次数变化趋势

利用本书第 2 章中灾害发生频率和强度计算方法，计算 1981—2010 年敏感带各省孕穗—抽穗期高温发生次数、频率和强度，如图 6.3 所示。从图 6.3 可以看出，敏感带孕穗—抽穗期高温发生次数和频率均以中稻最多，分别为 0.93 次·a^{-1} 和 59.6%；其次为双季早稻，分别为 0.36 次·a^{-1} 和 28.8%；双季晚稻最少，分别为 0.24 次·a^{-1} 和 20.0%。而高温强度差异不大，双季早稻、双季晚稻和中稻分别为 4.71、4.37 和 4.58 d·次$^{-1}$。由此可见，孕穗—抽穗期

高温是中稻易发生的灾害,也是双季早稻孕穗—抽穗期主要的灾害之一。各省比较而言,湖北双季晚稻高温发生次数、频率和强度均高于双季早稻,安徽和江苏高温双季早稻均高于双季晚稻;湖北中稻孕穗—抽穗期高温发生次数、频率和强度均高于江苏和安徽。本研究安徽中稻孕穗—抽穗期高温发生频率与杨太明等(2007)关于安徽合肥、六安等地 1980—2003 年中稻孕穗—抽穗期高温频率为 60% 的研究结果比较一致。

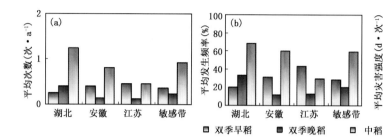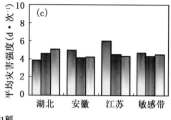

图 6.3　1981—2010 年敏感带双季稻和中稻孕穗—抽穗期高温发生次数(a)、频率(b)和强度(c)

与 1951—1980 年相比,1981—2010 年敏感带双季早稻和中稻在孕穗—抽穗期高温发生次数、频率和强度均降低,双季早稻分别降低 0.10 次·a^{-1}、7.9 个百分点和 1.02 d·次$^{-1}$,中稻分别降低 0.07 次·a^{-1}、0.8 个百分点和 0.88 d·次$^{-1}$;而双季晚稻孕穗—抽穗期高温发生次数、频率和强度均增加,分别增加 0.04 次·a^{-1}、2.10 个百分点和 0.32 d·次$^{-1}$(图 6.3 和表 6.1)。

表 6.1　1951—1980 年敏感带双季稻和中稻孕穗—抽穗期高温发生次数、频率和强度

作物	次数 (次·a^{-1})	频率 (%)	强度 (d·次$^{-1}$)
双季早稻	0.46	36.7	5.73
双季晚稻	0.20	17.9	4.05
中稻	1.00	60.4	5.46

表 6.2 为 1981—2010 年敏感带孕穗—抽穗期高温发生次数变化趋势,由表 6.2 看出,1981—2010 年敏感带双季早稻、双季晚稻和中稻孕穗—抽穗期高温发生次数总体呈增加趋势,双季早稻高温发生次数变化趋势不显著;除安徽外中稻高温发生次数均呈显著增加趋势($p < 0.05$),双季早稻和双季晚稻增加趋势不显著。

表 6.2　1981—2010 年敏感带双季稻和中稻孕穗—抽穗期高温发生次数变化趋势

单位:次·(10a)$^{-1}$

地区	双季早稻	双季晚稻	中稻
湖北	0.13	0.16	0.37*
安徽	0.07	0.06	0.25
江苏	0.18	0.09	0.43**
敏感带	0.11	0.10	0.32**

注:* 为 $p < 0.05$;** 为 $p < 0.01$。

总体而言,敏感带孕穗—抽穗期高温发生次数和频率均以中稻最高,其次为双季早稻,双

季晚稻最低,但高温强度差异不明显;与 1951—1980 年相比,1981—2010 年双季早稻和中稻孕穗—抽穗期高温发生次数、频率和强度均有所降低,而双季晚稻有所增加;1981—2010 年双季早稻、双季晚稻和中稻生育期内高温发生次数均呈增加趋势。

2)灌浆—成熟期高温发生次数、频率和强度及发生次数变化趋势

1981—2010 年灌浆—成熟期高温发生次数、频率和强度如图 6.4 所示。由图 6.4 可以看出,敏感带双季早稻和中稻灌浆—成熟期高温发生次数和频率均相近,分别为 0.60~0.64 次·a^{-1} 和 50%~55%,双季早稻略高于中稻;而双季晚稻远低于双季早稻和中稻,其发生次数和频率分别为 0.08 次·a^{-1} 和 8.3%。从高温发生强度来看,双季早稻最高,为 6.24 d·次$^{-1}$,中稻和双季晚稻分别较双季早稻低 1.75 和 2.72 d·次$^{-1}$。敏感带双季早稻和中稻灌浆—成熟期高温发生次数各省不同:高温发生次数和频率均以双季晚稻最低;湖北中稻高温次数均高于双季早稻,安徽和江苏中稻高温次数均低于双季早稻。

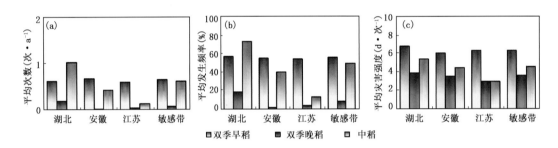

图 6.4 1981—2010 年敏感带双季稻和中稻灌浆—成熟期高温发生次数(a)、频率(b)和强度(c)

与 1951—1980 年相比,1981—2010 年敏感带双季晚稻和中稻灌浆—成熟期高温发生次数、频率和强度均呈增加趋势。发生次数分别增加了 0.05 和 0.07 次·a^{-1},频率分别增加了 5.8 和 8.4 个百分点,强度分别增加了 0.12 和 0.08 d·次$^{-1}$;而双季早稻发生次数、频率和强度均有所降低,分别降低 0.07 次·a^{-1}、4.2 个百分点和 0.18 d·次$^{-1}$(图 6.4 和表 6.3)。

表 6.3 1951—1980 年敏感带双季稻和中稻灌浆—成熟期高温发生次数、频率和强度

作物	次数 (次·a^{-1})	频率 (%)	强度 (d·次$^{-1}$)
双季早稻	0.71	59.6	6.52
双季晚稻	0.03	2.50	3.50
中稻	0.54	40.8	4.50

灌浆—成熟期高温发生次数变化趋势如表 6.4 所示,由表 6.4 可见,敏感带双季晚稻增加趋势最明显(0.09 次·$(10a)^{-1}$,$p<0.01$);中稻增加趋势不显著(0.06 次·$(10a)^{-1}$);而双季早稻呈略微减少趋势,每 10 年减少 0.02 次。其中,江苏双季早稻、双季晚稻和中稻的高温发生次数均呈不显著的增加;安徽中稻呈不显著增加,而双季早稻和双季晚稻没有明显变化;湖北双季早稻和中稻呈略微减少趋势,双季晚稻则呈显著增加趋势(0.21 次·$(10a)^{-1}$,$p<0.01$)。由此可以看出,各省双季晚稻灌浆—成熟期高温发生次数均呈增加趋势,而中稻和双季早稻变化趋势各省不同。

表 6.4　1981—2010 年敏感带双季稻和中稻灌浆—成熟期高温发生次数变化趋势

单位:次·(10a)$^{-1}$

地区	双季早稻	双季晚稻	中稻
湖北	−0.08	0.21**	−0.03
安徽	0.00	0.01	0.12
江苏	0.13	0.03	0.08
敏感带	−0.02	0.09**	0.06

注:** 为 $p<0.01$。

总体来看,敏感带灌浆—成熟期高温发生次数和频率均以双季早稻最高,其次为中稻,而双季晚稻的发生次数和频率均较低;与 1951—1980 年相比,1981—2010 年敏感带双季晚稻和中稻灌浆—成熟期高温发生次数、频率和强度均表现为增加趋势,而双季早稻发生次数、频率和强度均有所减少;1981—2010 年灌浆—成熟期高温发生次数增幅最大的为双季晚稻,其次为中稻,双季早稻呈略微减少趋势。

3)全生育期高温发生次数、频率和强度及发生次数变化趋势

全生育期高温发生次数和频率均以中稻最高,其次为双季晚稻,双季早稻最低(图 6.5)。双季晚稻高于双季早稻主要是因为双季晚稻的生育前期处于夏季高温期,而其生育后期高温发生次数和频率均较低;中稻、双季早稻和双季晚稻全生育期高温发生强度差异不大,均在 5.3 d·次$^{-1}$左右。

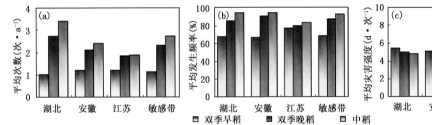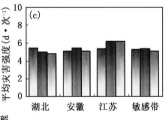

图 6.5　1981—2010 年敏感带双季稻和中稻全生育期高温发生次数(a)、频率(b)和强度(c)

与 1951—1980 年相比,1981—2010 年双季早稻全生育期高温发生次数和频率均显著降低,分别降低 1.2 次·a^{-1}和 30.9 个百分点;双季晚稻全生育期高温发生次数略减少,但发生频率和强度均增加,分别增加了 2.9 个百分点和 0.10 d·次$^{-1}$;中稻全生育期高温次数有所增加,但其发生频率变化不明显,而强度有所降低(图 6.5 和表 6.5)。

表 6.5　1951—1980 年敏感带双季稻和中稻全生育期高温发生次数、频率和强度

作物	次数 (次·a^{-1})	频率 (%)	强度 (d·次$^{-1}$)
双季早稻	2.35	99.2	5.24
双季晚稻	2.36	84.6	5.28
中稻	2.68	92.9	5.24

从全生育期高温发生次数变化趋势来看(表6.6),敏感带中稻呈显著增加趋势,增幅分别为0.56次·$(10a)^{-1}$,而双季早稻和双季晚稻呈略微增加趋势,增幅均为0.07次·$(10a)^{-1}$;从敏感带各省来看,江苏双季早稻、双季晚稻和中稻均呈显著增加趋势,而湖北双季晚稻和中稻呈显著增加趋势。

表6.6 1981—2010年敏感带双季稻和中稻全生育期高温发生次数变化趋势

单位:次·$(10a)^{-1}$

地区	双季早稻	双季晚稻	中稻
湖北	−0.01	−0.01	0.56*
安徽	0.05	0.05	0.46
江苏	0.40*	0.40*	0.96**
敏感带	0.07	0.07	0.56*

注: * 为 $p<0.05$; ** 为 $p<0.01$。

总体来看,敏感带全生育期高温发生次数和发生频率均以中稻最高,其次为双季晚稻,双季早稻最低;与1951—1980年相比,1981—2010年敏感带双季早稻、双季晚稻全生育期高温发生次数减少,而中稻增加,三者发生频率和强度变化趋势不同。1981—2010年,双季晚稻和中稻全生育期内高温呈显著增加趋势,双季早稻呈略微增加趋势。

(2)各生育阶段低温特征

1)秧田期低温发生次数、频率和强度及发生次数变化趋势

实际生产中,双季早稻秧田期低温引起烂秧是生产中主要的气象灾害,低温造成不同程度烂秧和死苗,不仅影响秧苗还可能影响正常插秧,影响早稻生长发育和产量形成。明确秧田期低温发生特征,对于实际生产具有指导意义。

双季早稻、双季晚稻和中稻的秧田期低温发生频率差异非常明显(图6.6)。由图6.6可知,双季晚稻秧田期低温很少发生,中稻秧田期低温发生次数和频率相对较低,而双季早稻秧田期低温发生次数和频率分别为2.09次·a^{-1}和95.4%,可见秧田期低温是双季早稻主要农业气象灾害之一。比较而言,双季早稻秧田期低温发生强度最高,达5.73 d·次$^{-1}$,中稻秧田期低温偶有发生,强度平均为3.19 d·次$^{-1}$。湖北、安徽和江苏双季早稻秧田期低温发生次数均较多;中稻秧田期低温发生次数以湖北最高,其次为安徽,江苏中稻秧田期没有低温发生;三省双季晚稻秧田期均没有低温发生。

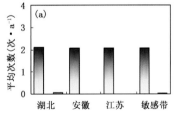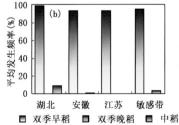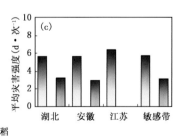

图6.6 1981—2010年敏感带双季稻和中稻秧田期低温发生次数(a)、频率(b)和强度(c)

与 1951—1980 年相比,1981—2010 年双季早稻秧田期低温发生次数和频率均有所降低,强度有所增加;中稻秧田期低温发生次数和频率均有所降低,发生次数和频率均仅为 1951—1980 年的 40% 左右,强度降低 1.08 d·次⁻¹(图 6.6 和表 6.7)。

表 6.7　1951—1980 年敏感带双季稻和中稻秧田期低温发生次数、频率和强度

作物	次数 (次·a⁻¹)	频率 (%)	强度 (d·次⁻¹)
双季早稻	2.18	98.3	5.41
双季晚稻	0.00	0.0	0.00
中稻	0.10	10.0	4.27

从秧田期低温发生次数变化趋势来看,敏感带双季早稻秧田期低温发生次数均呈减少趋势,平均每 10 年减少 0.29 次,其中江苏减少最为明显,平均每 10 年减少 0.46 次(表 6.8)。

表 6.8　1981—2010 年敏感带双季稻和中稻秧田期低温发生次数变化趋势

单位:次·(10a)⁻¹

地区	双季早稻	双季晚稻	中稻
湖北	−0.21	0.00	−0.04
安徽	−0.31	0.00	0.01
江苏	−0.46*	0.00	0.00
敏感带	−0.29	0.00	−0.01

注:* 为 $p<0.05$。

总体来看,秧田期低温主要发生在双季早稻,而双季晚稻和中稻秧田期低温发生频率较低。与 1951—1980 年相比,1981—2010 年双季早稻和中稻秧田期低温发生次数和频率均有所降低,但强度双季早稻有所增加,中稻有所降低。1981—2010 年,双季早稻秧田期低温发生次数呈不显著减低趋势。

2)孕穗—抽穗期低温发生次数、频率和强度及发生次数变化趋势

水稻孕穗—抽穗期出现低温导致花粉活力降低、空秕粒增加、结实率下降,轻则减产,重则绝收。孕穗—抽穗期低温发生次数、发生频率和发生强度,均以双季晚稻最高;其发生频率较双季早稻和中稻分别高 32.5 和 38.3 个百分点,发生次数分别高 0.43 和 0.49 次·a⁻¹,发生强度分别高 1.19 和 1.06 d·次⁻¹。比较而言,孕穗—抽穗期低温是双季晚稻主要灾害之一,除灌浆—成熟期外,该时期低温发生频率最高。从各省来看,湖北、安徽和江苏双季早稻孕穗—抽穗期低温发生次数较低,中稻孕穗—抽穗期几乎没有低温发生,而三省双季晚稻孕穗—抽穗期低温发生次数均较高,其中最高的是安徽,其次为江苏,最低的是湖北(图 6.7)。

与 1951—1980 年相比,1981—2010 年双季早稻孕穗—抽穗期低温发生次数没有明显差异,但发生频率和强度均有所降低;双季晚稻孕穗—抽穗期低温发生次数、频率和强度均明显降低,分别降低了 0.55 次·a⁻¹、30.0 个百分点和 1.17 d·次⁻¹;而中稻孕穗—抽穗期低温发生次数和频率均有所增加,但发生强度有所降低(图 6.7 和表 6.9)。

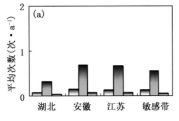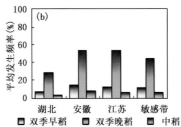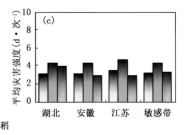

图 6.7　1981—2010 年敏感带双季稻和中稻孕穗—抽穗期低温发生次数(a)、频率(b)和强度(c)

表 6.9　1951—1980 年敏感带双季稻和中稻孕穗—抽穗期低温发生次数、频率和强度

作物	次数 (次·a⁻¹)	频率 (%)	强度 (d·次⁻¹)
双季早稻	0.12	11.3	3.41
双季晚稻	1.10	74.6	5.56
中稻	0.00	0.4	4.00

　　孕穗—抽穗期低温发生次数变化趋势表明(表 6.10),江苏双季早稻、双季晚稻和中稻低温发生次数均呈减少趋势,其中双季晚稻低温发生次数呈显著减少趋势($p<0.05$),湖北和安徽双季早稻和双季晚稻孕穗—抽穗期低温发生次数呈减少趋势,而中稻孕穗—抽穗期低温发生次数呈增加趋势,但均不显著。敏感带双季晚稻低温发生次数每 10 年减少 0.18 次($p<0.05$),双季早稻该阶段低温发生次数每 10 年减少 0.09 次,而中稻该阶段低温发生次数呈不显著增加趋势。中稻孕穗—抽穗低温发生次数呈增加趋势,可能与气候变化背景下夏季温度波动性大、低温强度增大有关。

表 6.10　1981—2010 年敏感带双季稻和中稻孕穗—抽穗期低温发生次数变化趋势

单位:次·(10a)⁻¹

地区	双季早稻	双季晚稻	中稻
湖北	0.00	−0.08	−0.04
安徽	−0.03	−0.21	0.01
江苏	−0.09	−0.36*	0.00
敏感带	−0.03	−0.18*	−0.01

注:* 为 $p<0.05$。

　　总体来看,孕穗—抽穗期低温发生次数和频率均以双季晚稻最高,其次为双季早稻,最低的是中稻;与 1951—1980 年相比,1981—2010 年双季早稻和双季晚稻低温发生频率和强度均有所降低,而中稻低温发生次数和频率均有所增加,但强度有所降低;1981—2010 年,双季早稻和双季晚稻孕穗—抽穗期低温发生次数均呈减少趋势,其中双季晚稻显著减少,而中稻呈略微增加趋势,但不显著。

　　3)灌浆—成熟期低温发生次数、频率和强度及发生次数变化趋势

　　双季早稻在灌浆—成熟期几乎没有低温发生;中稻灌浆—成熟期低温发生次数和发生频率分别仅为 0.04 次·a⁻¹ 和 3.3%,其发生频率相当于 30 年一遇;而双季晚稻灌浆—成熟期

低温发生次数和发生频率均较高,分别为 0.55 次·a^{-1} 和 44.6%,其发生频率相当于 2 年一遇;双季晚稻灌浆—成熟期低温发生强度为 4.86 d·次$^{-1}$,较中稻高 1.31 d·次$^{-1}$。从各省来看,双季晚稻灌浆—成熟期低温发生次数以江苏最高,其次为安徽,最低的为湖北(图 6.8)。

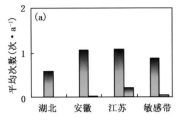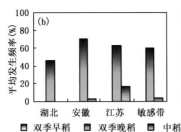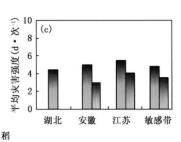

图 6.8　1981—2010 年敏感带双季稻和中稻灌浆—成熟期低温发生次数(a)、频率(b)和强度(c)

与 1951—1980 年相比,1981—2010 年敏感带双季晚稻和中稻灌浆—成熟期低温发生次数和频率均明显降低,其中,双季晚稻降低幅度明显大于中稻;但强度双季晚稻是减弱,而中稻是增强(图 6.8 和表 6.11)。

表 6.11　1951—1980 年敏感带双季稻和中稻灌浆—成熟期低温发生次数、频率和强度

作物	次数 (次·a^{-1})	频率 (%)	强度 (d·次$^{-1}$)
双季早稻	0.00	0.0	0.00
双季晚稻	1.22	82.1	6.56
中稻	0.16	10.8	3.39

从灌浆—成熟期低温发生次数变化趋势来看(表 6.12),敏感带双季晚稻减幅最大,每 10 年减少 0.26 次($p>0.05$);中稻呈显著减少趋势,但减幅不大。从各省来看,三省双季晚稻灌浆—成熟期低温发生次数均呈减少趋势,其中江苏减幅最大,每 10 年减少 0.68 次($p>0.05$);其次为安徽,每 10 年减少 0.21 次;湖北减幅最小,每 10 年减少 0.18 次。

表 6.12　1981—2010 年敏感带双季稻和中稻灌浆—成熟期低温发生次数变化趋势

单位:次·$(10a)^{-1}$

地区	双季早稻	双季晚稻	中稻
湖北	0.00	−0.18	0.00
安徽	0.00	−0.21	−0.02
江苏	0.00	−0.68**	−0.24*
敏感带	0.00	−0.26*	−0.04**

注:* 为 $p<0.05$;** 为 $p<0.01$。

总体来看,灌浆—成熟期低温主要发生在双季晚稻,而双季早稻几乎不发生,中稻发生次数和频率均较小。与 1951—1980 年相比,1981—2010 年双季晚稻和中稻灌浆—成熟期低温发生次数、频率均明显降低;而强度则是双季晚稻减弱、中稻增强。在 1981—2010 年敏感带双季晚稻和中稻灌浆—成熟期低温发生次数、频率和强度均呈降低趋势。

4)全生育期低温发生次数、频率和强度及发生次数变化趋势

由图6.9可知,敏感带双季早稻和双季晚稻全生育期低温发生次数和频率均远高于中稻,发生次数分别为2.25和1.44次·a^{-1},发生频率分别为97.1%和72.1%;而中稻发生次数和频率分别仅为0.14次·a^{-1}和12.9%。双季早稻、双季晚稻和中稻全生育期低温发生强度分别为5.56、4.63和3.28 d·次$^{-1}$。由此可以看出,整个生育期内,双季早稻和双季晚稻最容易遭受低温危害,而中稻遭受低温影响的频率和强度均较低。从各省来看,湖北、安徽和江苏双季早稻全生育期低温发生次数差别不大;双季晚稻的全生育期低温发生次数则是安徽和江苏远大于湖北,三省中稻全生育期低温发生次数均较小。

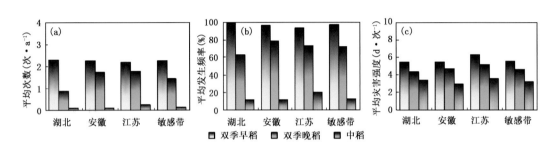

图6.9　1981—2010年敏感带双季稻和中稻全生育期低温发生次数(a)、频率(b)和强度(c)

与1951—1980年相比,1981—2010年敏感带双季晚稻和中稻全生育期低温发生次数和发生频率均减少,其中双季晚稻减少幅度大于中稻,但双季早稻发生次数和发生频率均有所增加;而强度均减弱,减弱幅度最大的是双季晚稻,其次为中稻,双季早稻仅轻微减弱(图6.9和表6.13)。

表6.13　1951—1980年敏感带双季稻和中稻全生育期低温发生次数、频率和强度

作物	次数 (次·a^{-1})	频率 (%)	强度 (d·次$^{-1}$)
双季早稻	1.30	72.9%	5.63
双季晚稻	2.33	91.7%	6.07
中稻	0.27	20.0%	3.86

从1981—2010年敏感带全生育期低温发生次数变化趋势来看(表6.14),敏感带双季晚稻发生次数减少的趋势最大,每10年减少0.44次($p<0.05$);其次为双季早稻,每10年减少0.33次($p<0.05$);而中稻呈略微减少趋势,每10年减少0.03次。从各省来看,江苏双季早稻、双季晚稻和中稻全生育期低温发生次数呈显著减少趋势,安徽双季早稻和双季晚稻呈显著减少趋势,而湖北双季早稻、双季晚稻和中稻的减少趋势均不显著。湖北双季早稻减少趋势大于双季晚稻和中稻;江苏双季晚稻减少趋势大于双季早稻和中稻;安徽双季晚稻减少趋势大于双季早稻,而中稻低温次数呈增加趋势。

总体来看,全生育期低温发生次数和发生频率最高的是双季早稻,其次为双季晚稻,最小的是中稻;与1951—1980年相比,1981—2010年双季晚稻和中稻全生育期低温发生次数和发生频率均减少,双季早稻发生次数和发生频率均有所增大;而强度均减弱。1981—2010年,双季早稻和双季晚稻低温发生次数均呈显著减少趋势,而中稻略微减少。

表 6.14　1981—2010 年敏感带双季稻和中稻全生育期低温发生次数变化趋势

单位：次·(10a)$^{-1}$

地区	双季早稻	双季晚稻	中稻
湖北	−0.25	−0.26	−0.03
安徽	−0.33	−0.41*	0.04
江苏	−0.55*	−1.10**	−0.33**
敏感带	−0.33*	−0.44**	−0.03

注：* 为 $p<0.05$；** 为 $p<0.01$。

（3）各生育阶段高温和低温综合评价

如图 6.10 所示，双季早稻全生育期内，孕穗—抽穗期和灌浆—成熟期高温发生次数分别占全生育期高温发生次数的 31.4% 和 55.6%，灌浆—成熟期高温发生频率是孕穗—抽穗期的 1.93 倍；秧田期和孕穗—抽穗期低温发生次数分别占全生育期低温发生次数的 92.6% 和 5.4%。各生育阶段中，发生次数和频率最高的均为秧田期低温，其发生次数和频率分别为 2.09 次·a^{-1} 和 95.4%，其次为灌浆—成熟期和孕穗—抽穗期高温，发生次数分别为 0.64 次·a^{-1} 和 0.36 次·a^{-1}。

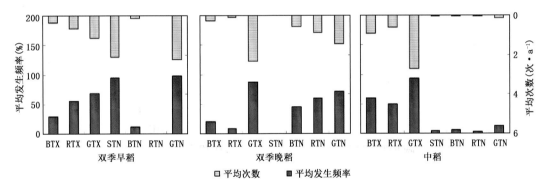

图 6.10　1981—2010 年敏感带双季稻和中稻全生育期不同灾害的发生频率和次数
（BTX：孕穗—抽穗期高温；RTX：灌浆—成熟期高温；GTX：全生育期高温；STN：秧田期低温；
BTN：孕穗—抽穗期低温；RTN：灌浆—成熟期低温；GTN：全生育期低温）

双季晚稻全生育期内，孕穗—抽穗期和灌浆—成熟期高温发生次数和频率均较少，仅分别占全生育期高温发生次数的 10.4% 和 3.6%；孕穗—抽穗期和灌浆—成熟期低温发生次数和频率均较高，且灌浆—成熟期较孕穗—抽穗期分别高 0.33 次·a^{-1} 和 15.8 个百分点，低温发生次数较多，分别占全生育期低温发生次数的 38.3% 和 61.2%。各生育期中，发生次数和频率最多的均为灌浆—成熟期低温，其次为孕穗—抽穗期低温。

中稻全生育期内，孕穗—抽穗期高温发生次数和发生频率分别较灌浆—成熟期多 0.32 次·a^{-1} 和 10.4 个百分点；这两个生育阶段高温发生次数之和占全生育期高温发生次数的 56.0%；全生育期高温发生频率为 92.9%，略高于双季晚稻，远高于双季早稻；中稻各生育阶段低温发生次数均较少，全生育期低温发生频率仅为 12.9%，远低于双季早稻和双季晚稻。

通过上述分析可以看出，从发生次数、频率和强度对比来看，与 1951—1980 年相比，1981—2010 年敏感带高温和低温发生次数、频率和强度均增加的是双季晚稻孕穗—抽穗期和灌浆—成熟期高温,以及中稻灌浆—成熟期高温;而发生次数、频率和强度均减少的是双季早稻孕穗—抽穗期、灌浆—成熟期和全生育期高温,以及双季晚稻孕穗—抽穗期、灌浆—成熟期和全生育期低温,中稻孕穗—抽穗期高温、秧田期和全生育期低温,以及双季晚稻孕穗—抽穗期和全生育期低温;发生次数减少而发生强度增加的是双季早稻秧田期和全生育期低温,双季晚稻全生育期高温,中稻灌浆—成熟期低温;发生次数和频率增加而强度减弱的是双季早稻和中稻孕穗—抽穗期低温。

6.2.2 高温和低温对水稻产量影响

本书6.2.1节分析了研究时段内敏感带水稻不同生育阶段高温和低温灾害分布特征,在此基础上,进一步分析不同生育阶段高温和低温灾害对水稻产量影响程度。为了分析每个生育阶段的高温和低温对水稻产量的影响,本节利用调参验证后的水稻模型(ORYZA),将各站各年各生育期出现的高温或低温进行屏蔽处理,即各站用多年平均气象要素替代该生育阶段内高温或低温时段气象要素,以评估高温对水稻产量带来的减产率。

(1)高温对水稻产量的影响

1)孕穗—抽穗期高温对水稻产量的影响

1981—2010年孕穗—抽穗期高温对双季稻和中稻产量的影响如图6.11所示。由图6.11可以看出,受孕穗—抽穗期高温影响,双季早稻、双季晚稻和中稻平均减产率分别为0.58%、0.12%和0.38%;但个别年份对产量的影响非常大,如在1988年、1994年和2001年双季早稻减产率分别为6.02%、3.66%和2.98%。双季早稻、双季晚稻和中稻减产年份数分别占研究时段的18.8%、14.2%和46.7%。双季早稻总的减产年份数低于中稻,但其波动幅度却高于中稻,与张倩(2010)的研究结果类似。从减产量一般水平(图6.11的中位数)来看,双季早稻、双季晚稻和中稻区域减产分别为52.0、11.0和40.2 kg·hm^{-2},其中,双季早稻的减产量高达557.4 kg·hm^{-2},双季晚稻和中稻的减产量分别为268.0和164.8 kg·hm^{-2}。

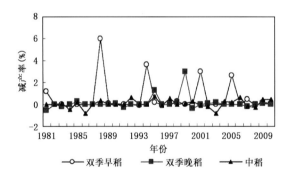
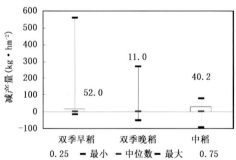

图6.11 1981—2010年敏感带孕穗—抽穗期高温对双季稻和中稻产量的影响

影响水稻模型ORYZA模拟孕穗—抽穗期高温对水稻产量影响程度的主要因素是生育期变化。在高温影响下,当日平均气温超过了模型设置的上限温度时,则抑制水稻生长,生育期延迟(葛道阔 等,2002),高温对水稻产量的负面影响降低甚至出现增产现象。在此,我们分析中稻孕穗—抽穗期高温影响下的生育期和产量变化关系,如图6.12所示。从图6.12可以看出,1981—2010年高温影响下,敏感带生育期延长效应抵消或高于高温效应,即增产年份数占总的高温年份数的39.2%;生育期延长效应弱于高温效应,即减产年份数占总的高温年份数的 23.1%;而生育期没有变化年份的产量全部表现为减产,占总的高温年份数的 37.7%。结果表明,在孕穗—抽穗期发生高温影响的年份中,大多数年份水稻生育期表现为延长,且大多数生育期的延长效应强于高温的影响效应。

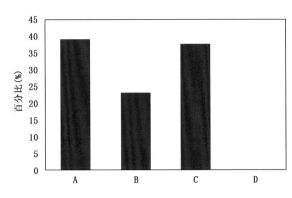

图 6.12 1981—2010 年不同组合占孕穗—抽穗期总的高温年份的比例

本研究的主要目的是比较不同生育阶段的高温和低温灾害对敏感带双季稻和中稻平均影响程度,为敏感带应对高低温灾害的水稻熟制选择提供依据。因此,在影响程度分析时没有考虑高低温灾害等级的影响,在高低温灾害影响分析时均考虑该温度持续 3 d 及以上,以利于比较敏感带双季稻和中稻高低温灾害风险,但由于不同持续天数的高温和低温灾害对水稻影响程度不同,可能会导致典型年份影响程度没有完全体现出来,如湖北麻城,1988 和 1994 年中稻受到孕穗—抽穗期高温灾害影响的减产率均在 3% 以上,但敏感带影响却仅为 0.39% 和 0.01%。

2)灌浆—成熟期高温对水稻产量的影响

灌浆—成熟期高温对双季稻和中稻产量影响如图 6.13 所示。由图 6.13 可以看出,该阶段高温对中稻减产率影响最高为 0.87%,双季晚稻次之,减产率为 0.23%,双季早稻仅略微减产,减产率为 0.03%;由于该阶段高温影响,双季早稻、双季晚稻和中稻的减产年份数分别占研究时段总年份数的 33.3%、7.9% 和 43.8%;20 世纪 90 年代后期和 2000 年以来,双季晚稻灌浆—成熟期高温对其产量影响程度明显高于 20 世纪 80 年代,且湖北影响最重,江苏和安徽几乎不受影响;而双季早稻虽然减产年份数比例较高,但其总体减产幅度比较小;中稻不仅减产年份较多,且减产幅度均明显高于双季早稻和双季晚稻。

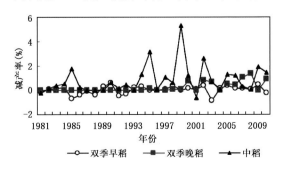
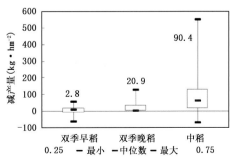

图 6.13 1981—2010 年灌浆—成熟期高温对双季稻和中稻产量的影响

总体而言,受该阶段高温影响双季早稻、双季晚稻和中稻的减产量分别为 2.8、20.9 和 90.4 kg·hm⁻²,中稻较双季稻的减产量高 66.7 kg·hm⁻²。双季早稻、双季晚稻和中稻的最大减产量分别为 52.5、125.7 和 544.8 kg·hm⁻²。

3)全生育期高温对水稻产量的影响

水稻全生育期高温造成减产以双季早稻最大,其减产率为 0.67%;中稻次之,减产率为 0.36%;而双季晚稻反而呈增产趋势,增产率为 1.25%,如图 6.14 所示。双季早稻、双季晚稻和中稻减产年份数分别占研究总年份数的 44.2%、31.3% 和 52.1%。双季晚稻表现为增产的主要原因是双季晚稻生育期高温基本出现在其生育前期,而孕穗—抽穗期和灌浆—成熟期很少出现高温天气;生育前期高温的最大影响是导致干旱,使双季晚稻移栽困难等(卢冬梅 等,2006),因此,在充分灌溉条件下,双季晚稻生育前期的晴热高温天气对于其生长发育反而有利。

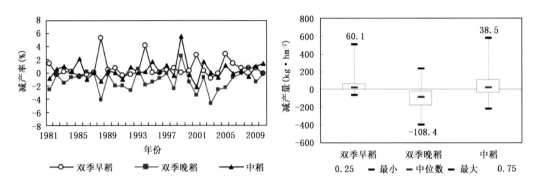

图 6.14　1981—2010 年敏感带全生育期高温对双季稻和中稻产量的影响

比较而言,敏感带水稻全生育期高温对产量影响双季早稻平均减产量最大,减产 60.1 kg·hm⁻²;其次为中稻,减产 38.5 kg·hm⁻²;而双季晚稻为增产,增产 108.4 kg·hm⁻²。双季稻和中稻减产量比较相近,为 38～40 kg·hm⁻²。双季早稻、双季晚稻和中稻的最大减产量分别为 507.0、228.5 和 569.9 kg·hm⁻²。

(2)低温对水稻产量的影响

1)秧田期低温对水稻产量的影响

秧田期低温造成减产率以双季早稻最大,减产率为 2.50%;中稻和双季晚稻的平均减产率均接近于 0。对于双季早稻而言,低温导致其减产年份比例为 69.6%,中稻为 2.1%。由此可见,秧田期低温对双季早稻的影响最大,对中稻和双季晚稻影响极小。1981—2010 年秧田期低温造成双季早稻减产率呈显著下降趋势,每 10 年下降 1.36%($p < 0.05$),如图 6.15 所示。

总体而言,秧田期低温造成敏感带双季早稻减产 190.2 kg·hm⁻²,而对中稻和双季晚稻产量几乎没有影响。

2)孕穗—抽穗期低温对水稻产量的影响

孕穗—抽穗期低温对水稻产量的影响如图 6.16 所示。由图 6.16 可以看出,孕穗—抽穗期低温导致双季晚稻减产率最大,为 0.40%;双季早稻次之,为 0.14%;而中稻表现为略微减产,减产率为 0.02%。双季早稻、双季晚稻和中稻减产年份数分别占研究总年份数的 8.8%、31.3% 和 4.2%。双季晚稻孕穗—抽穗期低温造成减产幅度年际差异明显,最高减产率达到

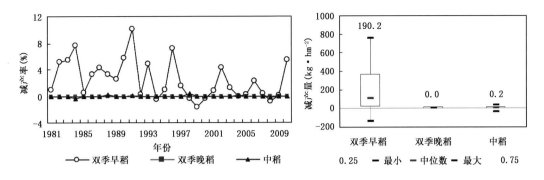

图 6.15　1981—2010 年秧田期低温对双季稻和中稻产量影响

2.94%；孕穗—抽穗期低温对双季早稻的影响总体较小，仅个别年份减产率较高，如 1988 年减产率达 1.93%。由此可见，孕穗—抽穗期低温对双季晚稻影响最大，对双季早稻的影响次之，中稻受到影响最小。

总体而言，孕穗—抽穗期低温造成双季晚稻减产 41.1 kg·hm^{-2}，远高于双季早稻和中稻。

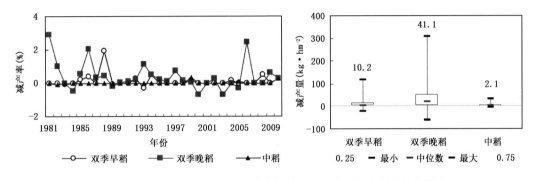

图 6.16　1981—2010 年孕穗—抽穗期低温对双季稻和中稻产量的影响

3）灌浆—成熟期低温对水稻产量的影响

灌浆—成熟期低温对水稻产量影响如图 6.17 所示。由图 6.17 可以看出，灌浆—成熟期低温造成双季晚稻减产率在 -0.89%～1.02% 之间波动，平均减产率为 0.09%；而双季早稻和中稻的平均减产率均接近于 0。双季晚稻和中稻减产年份数分别占研究总年份数的 28.8%

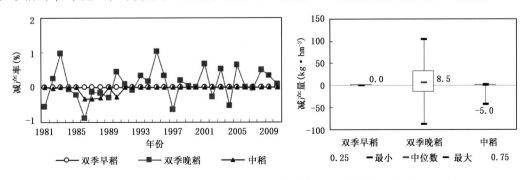

图 6.17　1981—2010 年敏感带灌浆—成熟期低温对双季稻和中稻产量的影响

和 0.8%。由此可见,灌浆—成熟期低温对敏感带双季早稻和中稻几乎没有影响,而对双季晚稻的影响年际波动较大。

灌浆—成熟期低温使双季晚稻减产 8.5 kg·hm^{-2},且年际波动较大,最大减产 103.3 kg·hm^{-2};而对中稻产量影响较小;对双季早稻几乎没有影响。

4)全生育期低温对水稻产量的影响

1981—2010 年水稻全生育期低温对双季稻和中稻产量影响如图 6.18 所示。水稻全生育期低温造成的减产率以双季早稻最大,对于双季早稻,70.4% 的年份低温对产量造成影响;对于双季晚稻,46.7% 的年份低温对产量造成影响;对于中稻,6.3% 的年份低温对产量造成影响。水稻全生育期低温造成双季早稻、双季晚稻和中稻减产率最大分别为 9.95%、2.63% 和 0.32%。双季早稻减产率年际波动最大,双季晚稻次之,中稻最小。由此可见,水稻全生育期低温对双季早稻的影响最大,对双季晚稻影响次之,对中稻影响最小。

从水稻全生育期低温对水稻产量影响来看,双季早稻的减产量最大,减产 197.4 kg·hm^{-2};双季晚稻次之,减产 54.0 kg·hm^{-2};中稻略增产,为 6.6 kg·hm^{-2}。双季稻的减产量远高于中稻。

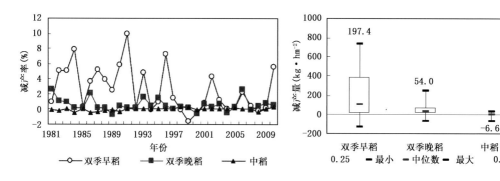

图 6.18　1981—2010 年敏感带水稻全生育期低温对双季稻和中稻产量的影响

由于本研究分析高温和低温对产量影响时均是在水肥充分满足的条件下得到的结果,而高温往往伴随干旱发生,综合影响水稻,因此,在今后的研究中,需要综合考虑水分和高温影响,解析敏感带高温和干旱交互对水稻产量影响程度。

(3)各生育阶段高温和低温对水稻产量影响综合评价

汇总敏感带双季稻和中稻高温和低温造成减产率如图 6.19 所示。由图 6.19 可以看出,双季早稻孕穗—抽穗期高温造成减产率明显高于灌浆—成熟期高温造成的减产率;双季早稻孕穗—抽穗期和灌浆—成熟期受低温影响较小,而秧田期低温对双季早稻产量影响最大。双季晚稻生育期内影响最大的是孕穗—抽穗期低温。中稻受灌浆—成熟期高温影响最大,其次为孕穗—抽穗期高温,而低温对其影响较小。

综上所述,1981—2010 年高温对中稻的影响仍高于对双季早稻和双季晚稻的影响,其中高温对双季晚稻影响较小;而影响双季早稻和双季晚稻产量的主要是低温灾害,对于双季早稻主要是秧田期低温,对于双季晚稻主要是孕穗—抽穗期低温,中稻受低温影响较小。生长中防灾避灾需结合当地灌溉条件、水稻品种特征和技术水平等,选择适宜当地稻作制种植模式。灌溉条件较好地区,可有效避免高温影响,宜选择种植中稻,反之选择双季稻。有适宜当地种植的抗耐低温品种,宜选择种植双季稻;有适宜当地种植的抗耐高温品种,宜选择种植中稻。

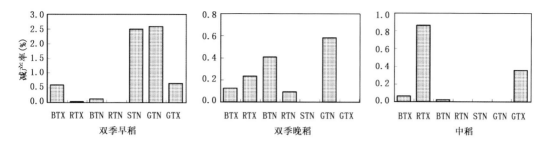

图 6.19　1981—2010 年敏感带各生育阶段高温和低温对双季稻和中稻减产率影响
（BTX：孕穗—抽穗期高温；RTX：灌浆—成熟期高温；GTX：全生育期高温；STN：秧田期低温；
BTN：孕穗—抽穗期低温；RTN：灌浆—成熟期低温；GTN：全生育期低温）

6.3　未来气候情景下敏感带水稻生育期内高温和低温灾害特征及其对产量影响

本书 6.2 节分析了历史气候变化背景下敏感带双季稻和中稻全生育期和不同生育阶段高温和低温灾害特征及其对产量的影响，本节着重分析未来气候情景（A1B）下 2021—2050 年和 2071—2100 年高温和低温灾害特征及其对水稻产量的影响。

6.3.1　高温和低温特征

（1）高温和低温发生次数

分别计算未来气候情景下 2021—2050 年和 2071—2100 年（简称未来两个时段）双季稻和中稻全生育期和不同生育阶段高温和低温发生次数，如图 6.20 所示。从图 6.20 可以看出，对于双季早稻，秧田期低温发生次数最多，2021—2050 年和 2071—2100 年分别为 1.78 和 1.86 次·a^{-1}；其次为孕穗—抽穗期高温，2021—2050 年和 2071—2100 年分别为 1.21 和 1.59 次·a^{-1}。灌浆—成熟期高温发生次数较孕穗—抽穗期低，2021—2050 年和 2071—2100 年分别低 0.60 和 0.99 次·a^{-1}。未来两个时段孕穗—抽穗期和灌浆—成熟期几乎没有低温发生；从

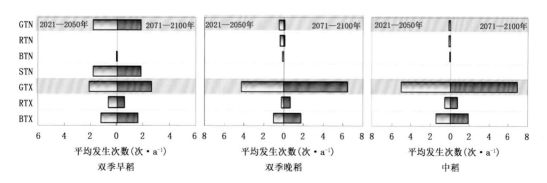

图 6.20　未来气候情景下敏感带双季稻和中稻高温和低温发生次数
（BTX：孕穗—抽穗期高温；RTX：灌浆—成熟期高温；GTX：全生育期高温；STN：秧田期低温；
BTN：孕穗—抽穗期低温；RTN：灌浆—成熟期低温；GTN：全生育期低温）

双季早稻全生育期来看,未来两个时段高温发生次数明显高于低温。

对于双季晚稻,孕穗—抽穗期高温发生次数最多,2021—2050 年和 2071—2100 年分别为 1.01 和 1.78 次·a^{-1};灌浆—成熟期低温发生次数仅低于孕穗—抽穗期高温,2021—2050 年和 2071—2100 年分别为 0.34 和 0.69 次·a^{-1};孕穗—抽穗期低温发生次数在未来两个时段均较低;而秧田期低温基本上没有发生。双季晚稻全生育期高温发生次数较高,且明显高于双季早稻,而低温发生次数很少。

对于中稻而言,孕穗—抽穗期高温发生次数最多,2021—2050 年和 2071—2100 年分别为 1.38 和 1.88 次·a^{-1};其次为灌浆—成熟期高温,2021—2050 年和 2071—2100 年分别为 0.53 和 0.76 次·a^{-1};而秧田期、孕穗—抽穗期和灌浆—成熟期均少有低温发生。中稻全生育期内主要为高温,2021—2050 年和 2071—2100 年分别为 4.98 和 6.92 次·a^{-1}。

综上所述,双季早稻和双季晚稻全生育期低温发生次数明显高于中稻,2021—2050 年和 2071—2100 年双季稻全生育期低温发生次数分别较中稻高 2.12 和 1.98 次·a^{-1};而中稻全生育期内高温发生次数远高于双季早稻,略高于双季晚稻。孕穗—抽穗期高温发生次数以中稻最高;双季早稻秧田期低温发生次数远高于双季晚稻和中稻。未来两个时段双季晚稻孕穗—抽穗期和灌浆—成熟期低温发生次数均明显高于双季早稻和中稻,双季稻和中稻灌浆—成熟期高温发生次数差异不明显。

(2)高温和低温发生频率

分别计算未来气候情景下 2021—2050 年和 2071—2100 年双季稻和中稻不同生育阶段高温和低温发生频率,如图 6.21 所示。从图 6.21 可以看出,对于双季早稻,发生频率最高的是秧田期低温,2021—2050 年和 2071—2100 年分别为 90.6% 和 94.6%;其次为孕穗—抽穗期高温,2021—2050 年和 2071—2100 年分别为 73.6% 和 81.9%;灌浆—成熟期高温发生频率 2021—2050 年和 2071—2100 年分别为 54.4% 和 51.3%。孕穗—抽穗期和灌浆—成熟期低温在未来两个时段发生频率均非常低。双季早稻全生育期内高温和低温发生频率均在 90% 以上。

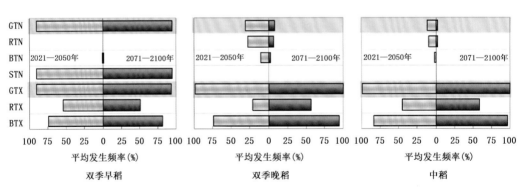

图 6.21 未来气候情景下敏感带双季稻和中稻高温和低温发生频率
(BTX:孕穗—抽穗期高温;RTX:灌浆—成熟期高温;GTX:全生育期高温;STN:秧田期低温;
BTN:孕穗—抽穗期低温;RTN:灌浆—成熟期低温;GTN:全生育期低温)

对于双季晚稻,高温发生频率最高的是孕穗—抽穗期,2021—2050 年和 2071—2100 年分别为 74.2% 和 94.7%;其次为灌浆—成熟期,2021—2050 年和 2071—2100 年分别为 20.6%

和 56.4%。低温发生频率最高的是灌浆—成熟期,2021—2050 年和 2071—2100 年分别为 27.2% 和 6.8%;其次为孕穗—抽穗期,2021—2050 年和 2071—2100 年分别为 9.7% 和 3.2%,而秧田期几乎没有低温发生。双季晚稻全生育期内高温发生频率在未来两个时段均较高,接近 100%;低温发生频率 2021—2050 年为 31.3%,2071—2100 年较 2021—2050 年低 23.3 个百分点。

对于中稻,孕穗—抽穗期高温发生频率最高,2021—2050 年和 2071—2100 年分别为 83.6% 和 96.8%;其次为灌浆—成熟期,2021—2050 年和 2071—2100 年分别为 44.6% 和 58.5%。低温发生频率总体上远低于高温发生频率;低温发生频率最高的是灌浆—成熟期,2021—2050 年和 2071—2100 年分别为 9.6% 和 2.4%;孕穗—抽穗期低温发生频率非常低;秧田期则无低温发生。

综上所述,中稻全生育期内低温发生频率远低于双季早稻和双季晚稻,而高温发生频率与双季晚稻相近,略高于双季早稻。在各生育阶段中,中稻孕穗—抽穗期高温发生频率均高于双季早稻和双季晚稻;而灌浆—成熟期高温发生频率 2021—2050 年双季早稻高于中稻和双季晚稻,2071—2100 年中稻、双季早稻和双季晚稻三者差异不大;孕穗—抽穗期和灌浆—成熟期低温发生频率均表现为双季晚稻高于中稻和双季早稻,而秧田期低温发生频率则是双季早稻远高于中稻和双季晚稻。

(3)高温和低温发生强度

分别计算未来气候情景下 2021—2050 年和 2071—2100 年双季稻和中稻全生育期和不同生育阶段高温和低温强度,如图 6.22 所示。从图 6.22 可以看出,对于双季早稻,各生育阶段发生强度最大的是灌浆—成熟期高温,2021—2050 年和 2071—2100 年分别为 7.29 和 6.85 d·次$^{-1}$;居于第二位的,2021—2050 年为孕穗—抽穗期高温,为 5.27 d·次$^{-1}$,2071—2100 年则为秧田期低温,为 4.87 d·次$^{-1}$。而孕穗—抽穗期低温强度在未来两个时段处于 3.0~3.3 d·次$^{-1}$;灌浆—成熟期未来两个时段均没有低温发生。双季早稻全生育期内高温和低温强度相差不大。

对于双季晚稻,各生育阶段中以孕穗—抽穗期高温发生强度最大,2021—2050 年和 2071—2100 年分别为 6.36 和 9.50 d·次$^{-1}$;而灌浆—成熟期高温和低温发生强度接近,且 2071—2100 年的强度均略高于 2021—2050 年;孕穗—抽穗期低温强度未来两个时段在 3.3~

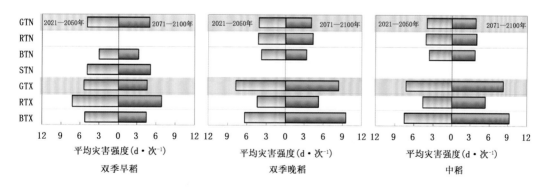

图 6.22　未来气候情景下敏感带双季稻和中稻高温和低温发生强度
(BTX:孕穗—抽穗期高温;RTX:灌浆—成熟期高温;GTX:全生育期高温;STN:秧田期低温;
BTN:孕穗—抽穗期低温;RTN:灌浆—成熟期低温;GTN:全生育期低温)

3.7 d·次⁻¹,而秧田期没有低温发生。未来两个时段全生育期的高温强度均明显高于低温强度。

对于中稻,各生育阶段中发生强度最大的是孕穗—抽穗期高温,2021—2050 年和 2071—2100 年分别为 7.42 和 9.26 d·次⁻¹;其次为灌浆—成熟期高温,2021—2050 年和 2071—2100 年分别为 4.57 和 5.29 d·次⁻¹。灌浆—成熟期和孕穗—抽穗期低温发生强度差异不大,均在 3.5～4.0 d·次⁻¹,而秧田期没有低温发生。未来两个时段全生育期高温发生强度均明显高于低温发生强度。

综上所述,中稻全生育期内低温发生强度远低于双季早稻和双季晚稻,而高温发生强度略低于双季晚稻,但明显高于双季早稻;各生育阶段中,中稻孕穗—抽穗期高温发生强度在 2021—2050 年高于双季晚稻,在 2071—2100 年略低于双季晚稻,但均高于双季早稻;而灌浆—成熟期高温发生强度双季早稻在未来两个时段均高于中稻和双季晚稻,而双季晚稻和中稻差异不大;孕穗—抽穗期低温发生强度在双季早稻、双季晚稻和中稻差异不大,而灌浆—成熟期低温则是双季晚稻和中稻远高于双季早稻;秧田期低温则是双季早稻远高于中稻和双季晚稻。

比较双季早稻、双季晚稻和中稻的高温和低温发生次数、频率和强度,双季早稻和双季晚稻全生育期低温发生次数、频率和强度均明显高于中稻;中稻全生育期高温发生次数、频率和强度均远高于双季早稻,与双季晚稻接近;中稻孕穗—抽穗期高温发生次数和频率均高于双季早稻和双季晚稻,而强度与双季晚稻相近,高于双季早稻;双季早稻秧田期低温发生次数、频率和强度均远高于双季晚稻和中稻;双季晚稻在孕穗—抽穗期和灌浆—成熟期低温发生次数、频率均明显高于双季早稻和中稻,但双季晚稻和中稻的强度差异不大,且均高于双季早稻;未来两个时段双季稻和中稻灌浆—成熟期高温发生次数、频率和强度总体差异不大。从未来两个时段的高温和低温发生次数、频率和强度对比来看:与时段 2021—2050 年相比,2071—2100 年敏感带高温和低温发生次数、频率和强度均增加的灾害和生育阶段不同,对于双季早稻为秧田期低温、孕穗—抽穗期低温和全生育期低温,对于中稻和双季晚稻均为孕穗—抽穗期、灌浆—成熟期和全生育期高温;而发生次数、频率和强度均减少的灾害和生育阶段,对于双季早稻为灌浆—成熟期高温,双季晚稻为孕穗—抽穗期和全生育期低温,中稻为灌浆—成熟期和全生育期低温。发生次数减少而强度增加的灾害,双季晚稻为灌浆—成熟期低温,中稻为孕穗—抽穗期低温;发生次数和频率增加而强度减弱的灾害,双季早稻为孕穗—抽穗期和全生育期高温。

6.3.2 高温和低温对水稻产量影响

在本书 6.3.1 节未来气候情景下 2021—2050 年和 2071—2100 年两个时段敏感带水稻生育阶段内高温和低温特征分析基础上,本节利用水稻模型 ORYZA 分析不同生育阶段高温和低温对水稻产量的影响程度,如表 6.15 所示。从不同生育阶段高温和低温对双季早稻影响来看:2021—2050 年和 2071—2100 年孕穗—抽穗期高温导致的减产率最大;秧田期低温在 2021—2050 年仍有较大影响;灌浆—成熟期高温和低温、孕穗—抽穗期低温在 2021—2050 年和 2071—2100 年两个时段对双季早稻的影响均较小,但 2071—2100 年灌浆—成熟期高温和孕穗—抽穗期低温影响程度较 2021—2050 年有所增大。

从不同生育阶段高温和低温对双季晚稻影响来看:对双季晚稻影响最大的灾害,在 2021—2050 年为灌浆—成熟期低温,在 2071—2100 年为孕穗—抽穗期高温;但低温在 2071—2100 年的影响程度均较 2021—2050 年有所减轻,高温影响程度均有所增强;双季晚稻秧田期没有低温发生。

表 6.15　未来气候情景下高温和低温对双季稻和中稻产量影响

时段	作物	产量变化	BTX	RTX	GTX	STN	BTN	RTN	GTN
2021—2050 年	双季早稻	减产率（%）	4.40	−0.09	4.42	1.73	0.02	0.00	1.75
	双季晚稻		0.94	0.85	−2.12	0.00	1.08	1.87	3.04
	中稻		2.78	1.47	2.91	0.00	0.48	1.36	1.63
	双季早稻	减产量（kg·hm^{-2}）	419.1	−8.4	420.6	135.8	2.2	0.0	137.6
	双季晚稻		84.4	80.9	−186.1	0.0	129.5	210.7	298.6
	中稻		314.0	168.8	344.2	0.0	75.5	199.0	196.3
2071—2100 年	双季早稻	减产率（%）	6.43	0.52	14.23	0.00	0.21	0.00	0.16
	双季晚稻		19.21	1.75	17.42	0.00	0.41	0.72	1.14
	中稻		11.38	2.93	15.46	0.00	0.06	0.38	0.52
	双季早稻	减产量（kg·hm^{-2}）	582.2	47.2	1771.5	−17.8	24.8	0.0	3.0
	双季晚稻		1714.9	159.7	1732.4	0.0	46.5	78.9	107.7
	中稻		1265.6	326.8	1817.9	0.0	10.1	52.7	53.6

注：BTX：孕穗—抽穗期高温；RTX：灌浆—成熟期高温；GTX：全生育期高温；STN：秧田期低温；BTN：孕穗—抽穗期低温；RTN：灌浆—成熟期低温；GTN：全生育期低温。

从不同生育阶段高温和低温对中稻影响来看，孕穗—抽穗期高温对中稻产量影响最大，其次为灌浆—成熟期高温；与 2021—2050 年相比，在 2071—2100 年孕穗—抽穗期和灌浆—成熟期低温影响程度均有所减弱，而秧田期基本没有低温影响。

比较高温和低温对双季早稻、双季晚稻和中稻产量影响，敏感带 2021—2050 年双季早稻、双季晚稻和中稻因孕穗—抽穗期高温导致减产率分别为 4.40%、0.94% 和 2.78%；而在 2071—2100 年，双季早稻、双季晚稻和中稻的减产率分别增大至 6.43%、19.21% 和 11.38%。2021—2050 年，中稻因灌浆—成熟期高温造成减产率为 1.47%，双季晚稻为 0.85%，双季早稻该时段基本没有高温影响；2071—2100 年与 2021—2050 年趋势基本一致，但灌浆—成熟期高温引起的减产率均有所增大，双季早稻、双季晚稻和中稻的减产率分别为 0.52%、1.75% 和 2.93%。2021—2050 年和 2071—2100 年，秧田期低温对双季晚稻和中稻几乎没有影响，而双季早稻在 2021—2050 年的减产率为 1.73%，但在 2071—2100 年双季早稻秧田期基本没有低温影响。2021—2050 年孕穗—抽穗期低温对双季早稻基本没有影响，对双季晚稻影响较大，减产率为 1.08%，中稻减产率为 0.48%；2071—2100 年双季早稻因孕穗—抽穗期低温影响有所增大，对双季晚稻影响最大，但总体上对双季早稻、双季晚稻和中稻的影响都比较小。2021—2050 年双季晚稻和中稻灌浆—成熟期低温造成的减产率分别为 1.87% 和 1.36%，对双季早稻基本没有影响；2071—2100 年灌浆—成熟期低温对双季晚稻和中稻的影响有所减弱，减产率分别为 0.72% 和 0.38%。就全生育期来看，2021—2050 年全生育期高温对双季早稻影响最大，其次为中稻，对双季晚稻的影响以有利为主；而 2071—2100 年全生育期高温对双季早稻、双季晚稻和中稻的影响程度大幅度增强，减产率分别为 14.23%、17.42% 和 15.46%。2021—2050 年受全生育期低温影响最大的是双季晚稻，其次为双季早稻，中稻受到的影响略小于双季早稻；2071—2100 年低温造成的减产率均有所降低，双季晚稻减产率仍然最大，中稻的减产率略高于双季早稻。

比较不同生育阶段高温和低温对水稻产量的影响,2021—2050 年孕穗—抽穗期高温导致的减产以双季早稻最大,减产 419.1 kg·hm^{-2},其次为中稻,减产 314.0 kg·hm^{-2},双季晚稻最低,减产 84.4 kg·hm^{-2};2071—2100 年孕穗—抽穗期高温导致的减产以双季晚稻最大,减产 1714.9 kg·hm^{-2},其次为中稻,减产 1265.6 kg·hm^{-2},双季早稻最低,减产 582.2 kg·hm^{-2}。而灌浆—成熟期高温导致水稻单产变化,2021—2050 年敏感带中稻年平均减产量最大,减产 168.8 kg·hm^{-2},其次为双季晚稻,减产 80.9 kg·hm^{-2},双季早稻基本无变化;2071—2100 年敏感带中稻减产最大,减产 326.8 kg·hm^{-2},其次为双季晚稻,减产 159.7 kg·hm^{-2},双季早稻减产量为 47.2 kg·hm^{-2}。秧田期低温导致 2021—2050 年双季早稻减产 135.8 kg·hm^{-2},而双季晚稻和中稻在未来两个时段的产量均无变化。孕穗—抽穗期低温导致水稻减产,双季早稻、双季晚稻和中稻 2021—2050 年分别减产 2.2、129.5 和 75.5 kg·hm^{-2},2071—2100 年双季晚稻和中稻的减产量均有所降低,而双季早稻的减产量有所增大。灌浆—成熟期低温导致水稻减产,2021—2050 年双季晚稻减产最大,减产 210.7 kg·hm^{-2},其次为中稻,减产 199.0 kg·hm^{-2},而双季早稻基本无变化;2071—2100 年敏感带双季晚稻的减产最大,减产 78.9 kg·hm^{-2},其次为中稻,减产 52.7 kg·hm^{-2},而双季早稻产量基本无变化。

综上所述,对于双季早稻,2021—2050 年高温和低温对产量影响均较为明显,2071—2100 年高温影响更为显著;对于双季晚稻,2021—2050 年主要受低温影响,但在 2071—2100 年主要受高温影响;对于中稻,2021—2050 年主要受高温影响,2071—2100 年高温对产量影响程度加重。按照对产量影响程度排序,2021—2050 年对于双季早稻影响程度较大的是孕穗—抽穗期高温和秧田期低温,对于双季晚稻为灌浆—成熟期低温和孕穗—抽穗期低温,对于中稻为孕穗—抽穗期高温和灌浆—成熟期高温,2071—2100 年对双季晚稻、双季早稻和中稻影响最大的均为孕穗—抽穗期高温,其次是灌浆—成熟期高温。

6.4　小结

本章基于历史和未来气候情景资料,明确了 1981—2010 年、21 世纪中叶和 21 世纪末一年三熟种植敏感带,重点分析了敏感带中稻、双季早稻和双季晚稻全生育期和不同生育阶段高温和低温灾害发生频率和强度,评估了各生育阶段高温和低温对产量的影响程度。从规避高温和低温影响角度出发,提出了 21 世纪中叶和末期种植双季稻和中稻的适宜性。

参 考 文 献

葛道阔,金之庆,石春林,等,2002. 气候变化对中国南方水稻生产的阶段性影响及适应性对策[J]. 江苏农业学报,18(1):1-8.

刘巽浩,韩湘玲,1987. 中国的多熟种植[M]. 北京:北京农业大学出版社.

卢冬梅,刘文英,2006. 夏秋季高温干旱对江西省双季晚稻产量的影响[J]. 中国农业气象,27(1):46-48.

杨太明,陈金华,2007. 江淮之间夏季高温热害对水稻生长的影响[J]. 安徽农业科学,35(27):8530-8531.

张倩,2010. 长江中下游地区高温热害对水稻的影响评估[D]. 南京:南京信息工程大学.

第 7 章　一年三熟种植敏感带双季稻和中稻种植效益评价

本书第 6 章分析了历史气候变化和未来气候情景下一年三熟种植敏感带典型区域双季稻和中稻全生育期和不同生育阶段高温和低温灾害特征及其对水稻产量影响程度。在实际生产中,稻作制调整不仅与气候变化和灾害发生相关,也与经济、社会和环境等因素密不可分。当前双季稻生产中存在的主要问题:一是双季稻种植劳动强度大且农村青壮年劳动力匮乏;二是种粮比较效益低,制约了农民种粮积极性;三是农田基础设施差,抗灾减灾能力薄弱。这些因素直接影响双季稻种植规模扩大。从国家粮食安全战略角度来看,针对我国人多地少、粮食刚性需求大的现状,充分利用气候资源,因地制宜发展多熟种植至关重要。因此,本章重点从经济、社会和环境效益等方面评估种植双季稻和中稻效益,为该区域稻作制应对气候变化和绿色发展提供科学依据和参考。

7.1　水稻种植经济效益评价方法

7.1.1　过去 30 年中国稻谷成本收益变化

本章利用《全国农产品成本收益资料汇编》(国家发展和改革委员会价格司,1978—2008)中 1978—2008 年数据,分析了敏感带种植双季稻和中稻总成本,比较不同投入水平的水稻种植收益。由于《全国农产品成本收益资料汇编》粳稻统计数据没有区分双季稻和中稻,且考虑长江中下游地区水稻种植多以籼稻为主,因此本章主要考虑籼稻品种。

图 7.1 为 1978—2008 年双季早稻、双季晚稻和中稻的产值与总成本变化。由图 7.1 可以看出,1978 年以来,我国双季早稻、双季晚稻和中稻产量与总成本整体呈明显上升趋势。从产值来看,最高为中稻,最低为双季早稻,而双季稻(双季早稻＋双季晚稻)的产值明显高于中稻;从各年代产值来看,20 世纪 80 年代、90 年代和 2000 年以来,双季早稻的产值分别为 2234.6、5822.9 和 7849.5 元·hm^{-2};双季晚稻分别为 2331.5、6420.3 和 8786.7 元·hm^{-2},中稻分别为 2699.1、7509.1 和 9765.6 元·hm^{-2},双季早稻、双季晚稻和中稻 2004—2008 年 5 年产值分别为 9692.4、10572.3 和 11769.9 元·hm^{-2}。从种植总成本来看,除 20 世纪 90 年代中后期到 21 世纪初,种植中稻的总成本明显高于双季早稻和双季晚稻外,其余时段双季早稻、双季晚稻和中稻三者种植总成本基本相近,双季稻(双季早稻＋双季晚稻)种植总成本明显高于中稻。从各年代种植总成本来看,20 世纪 80 年代双季早稻、双季晚稻和中稻种植总成本均为 1575 元·hm^{-2},90 年代,中稻总成本分别较双季早稻和双季晚稻高 207 和 345 元·hm^{-2},2000 年以来,双季早稻、双季晚稻和中稻总成本分别为 6683.1、6657.8 和 7038.7 元·hm^{-2};2004—2008 年 5 年

双季早稻、双季晚稻和中稻三者种植总成本比较相近,分别为 7582.0、7626.1 和 7541.6 元·hm^{-2}。

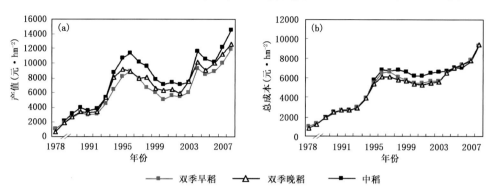

图 7.1 1978—2008 年双季早稻、双季晚稻和中稻的产值(a)和总成本(b)变化
(数据来源于国家发展和改革委员会价格司(1978—2008)《全国农产品成本收益资料汇编》)

图 7.2 为 1978—2008 年双季早稻、双季晚稻和中稻的净利润和成本利润率。从 1978 年以来,我国中稻净利润一直高于双季早稻和双季晚稻,而双季晚稻高于双季早稻;1978—2008 年中稻净利润呈显著上升趋势($p<0.05$),双季晚稻为极显著上升趋势($p<0.01$),而双季早稻上升趋势不显著;在 20 世纪 80 年代、90 年代和 2000 年以来,双季早稻净利润分别为 649.4、1304.1 和 1166.4 元·hm^{-2},双季晚稻分别为 737.9、2039.0 和 2128.9 元·hm^{-2},中稻分别为 1094.0、2783.3 和 2727.0 元·hm^{-2};2004—2008 年 5 年三者的净利润分别为 219.4、2949.3 和 4228.3 元·hm^{-2}。从成本利润率来看,双季早稻和中稻呈不显著下降趋势($p>0.01$),而双季晚稻呈不显著上升趋势($p>0.01$);1978—2008 年中稻成本利润率最高,其次为双季晚稻,最低为双季早稻;20 世纪 80 年代双季早稻、双季晚稻和中稻成本利润率分别为 41.8%、47.7% 和 69.2%,20 世纪 90 年代分别为 30.5%、47.8% 和 61.7%,2004—2008 年分别为 28.1%、39.1% 和 56.3%。

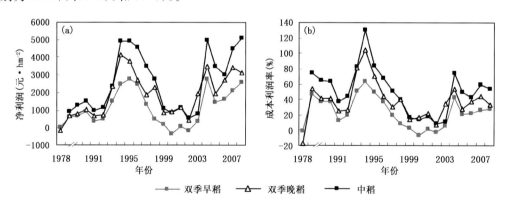

图 7.2 1978—2008 年双季早稻、双季晚稻和中稻的净利润(a)和成本利润率(b)
(数据来源于国家发展和改革委员会价格司(1978—2008)《全国农产品成本收益资料汇编》)

图 7.3 为 1978—2008 年化肥、氮肥和排灌费占水稻种植总成本的百分比。由图 7.3 可以看出,排灌费占水稻种植总成本的百分比呈不显著上升趋势,而化肥和氮肥的占比均呈不显著下降趋势;20 世纪 80 年代、90 年代和 2000 年以来,化肥占水稻种植总成本的占比分别为

18.0％、17.0％和 15.5％,排灌费占比分别为 3.5％、3.7％和 4.0％,氮肥占比在 1998—2008 年为 7.9％;2004—2008 年化肥、氮肥和排灌费占水稻种植总成本的百分比分别为 15.5％、7.7％和 3.6％。

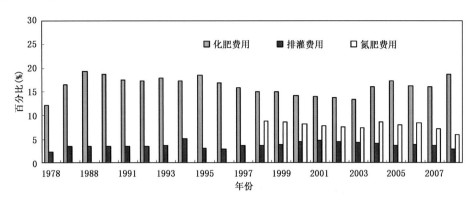

图 7.3 1978—2008 年化肥、氮肥和排灌费占水稻种植总成本的百分比
(数据来源于国家发展和改革委员会价格司(1978—2008)《全国农产品成本收益资料汇编》)

7.1.2 水稻种植经济效益评价方法

利用长江中下游双季稻和中稻投入和产出效益资料,结合区域水稻种植方式、经济水平以及稻谷价格,分析了不同产量水平下双季稻和中稻种植经济效益。

水稻种植成本为双季早稻、双季晚稻和中稻 2004—2008 年 5 年的平均值,参考黄季焜等 (1995)提出的统计方法,不同施氮量水稻种植成本是指不包含氮肥的成本加上实际施用氮肥成本(本章按照 2004—2008 年 5 年平均计算,下同),而施氮肥成本统一按尿素折算(折算比例为纯氮∶尿素=0.467∶1),并按尿素 5 年 2006.7 元·t^{-1}平均价格计算。不同灌溉方式下的水稻种植成本为不包含排灌费的成本加上实际灌溉量的成本,灌溉量的成本参考全国稻谷灌溉量成本的平均值,为 0.08 元·m^{-3}。在评价中,所有年份均参照本书 7.1.1 节所列价格进行计算,其中没有考虑价格变动和国家粮食直补、良种补贴、农资综合直补以及稻谷最低收购价等扶持政策。稻谷价格为 2004—2008 年国家最低粮食收购保护价的平均值,双季早稻为 1.42 元·kg^{-1},中稻和双季晚稻为 1.46 元·kg^{-1}。

7.2 历史气候条件下双季稻和中稻经济效益评价

本节分析评价 1981—2010 年双季稻和中稻经济效益,成本和价格等参考本书 7.1 节。

7.2.1 不同产量水平对应的施氮量和灌溉量

(1)不同产量水平对应的施氮量

设置 10 种施氮水平如表 7.1 所示,每种按照 46.7％的标准折算为尿素,并由此推算出对应的氮肥成本。在此基础上,基于水稻模型 ORYZA 对敏感带不同施氮量下双季早稻、双季晚稻和中稻产量进行模拟,在此,水分设置为充分灌溉。基于水稻模型 ORYZA 模拟得到 1981—2010 年、2021—2050 年和 2071—2100 年双季早稻、双季晚稻和中稻不同施氮量下的产量;再根据农业生产资料成本计算得出每公顷的总投入,以及根据产量和稻谷价格计算得出的每公顷总收益,进而计算得到每公顷净利润。最后,根据双季早稻、双季晚稻和中稻的净利润,比较评价种植双季稻和中稻的经济效益。

表 7.1　不同施氮量和氮肥成本

项目	N_0	N_{25}	N_{50}	N_{100}	N_{150}	N_{200}	N_{250}	N_{300}	N_{400}	N_{600}
施氮量($kg \cdot hm^{-2}$)	0	25	50	100	150	200	250	300	400	600
折合的尿素量($kg \cdot hm^{-2}$)	0	53.5	107.1	214.1	321.2	428.3	535.3	642.4	856.5	1284.8
折合的氮肥成本(元$\cdot hm^{-2}$)	0	107.4	214.9	429.8	644.6	859.5	1074.4	1289.3	1719.1	2578.6

图 7.4 为 1981—2010 年双季稻和中稻不同产量、氮肥农学利用效率对应的施氮量,由图 7.4 可以看出,1981—2010 年在一定施氮量范围内双季早稻、双季晚稻和中稻产量随着施氮量的增加而增加;当三者产量分别达到 8130.5、8869.5 和 10144.0 $kg \cdot hm^{-2}$ 时,施氮量增加对产量影响变小,此时对应的施氮量分别为 300、250 和 400 $kg \cdot hm^{-2}$。1981—2010 年研究区域双季早稻、双季晚稻和中稻的光温产量潜力平均值分别为 8172.8、9099.8 和 10288.7 $kg \cdot hm^{-2}$。由此可以得出,双季早稻、双季晚稻和中稻的施氮量分别在 71.3、80.2 和 125.4 $kg \cdot hm^{-2}$ 时,可以获得光温产量潜力的 80%;而不施氮仅分别获得光温产量潜力的 53.5%、53.0% 和 48.2%。若提高产量需增施氮肥的幅度不同,对于双季早稻,产量每增加 10%,施氮量需增加 39.7 $kg \cdot hm^{-2}$;对于双季晚稻,产量每增加 10%,施氮量需增加 28.5 $kg \cdot hm^{-2}$;对于中稻,产量每增加 10%,施氮量需增加 34.9 $kg \cdot hm^{-2}$。相同施氮量下产量最高的均为中稻,其次为双季晚稻,最低为双季早稻。

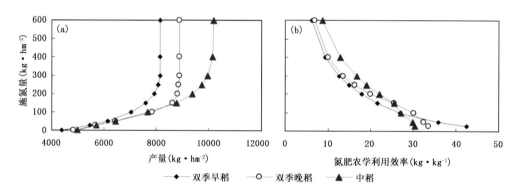

图 7.4　1981—2010 年双季稻和中稻不同产量(a)、氮肥农学利用效率(b)对应的施氮量

(2)不同产量水平对应的灌溉量

水稻实际生产中常根据稻田水层深度进行灌溉管理,本节在水稻模型 ORYZA 的灌溉模块中,设置在不同的稻田水层消失天数进行灌溉,具体的灌溉方式如表 7.2 所示。模拟不同灌溉量下的产量时双季早稻、双季晚稻和中稻氮肥量均采用近 5 年稻谷平均施氮量(170 $kg \cdot hm^{-2}$)。

表 7.2　效益评估中的灌溉设置

灌溉方式	I_0	I_3	I_6	I_9	I_{12}	I_{15}	I_{20}	I_{25}	I_{30}	$I_{雨}$
稻田水层消失天数(d)	0	3	6	9	12	15	20	25	30	雨养

根据以上设置,利用水稻模型 ORYZA 模拟得到 1981—2010 年、2021—2050 年和 2071—2100 年双季早稻、双季晚稻和中稻逐年不同产量水平对应的不同灌溉量;再根据农业生产资料成本计算得到每公顷总投入,根据产量和稻谷价格计算得到每公顷总收入,进而计算得到每公顷净利润;最后,根据双季早稻、双季晚稻和中稻净利润,评价和比较种植双季稻和中稻的经济效益差异。

图 7.5 为 1981—2010 年双季稻和中稻不同产量水平对应的灌溉方式。由图 7.5 可以看出,随着稻田水层消失天数的延长再灌溉,双季早稻、双季晚稻和中稻的产量均呈下降趋势,且年际波动呈增大趋势。在不灌溉(雨养)下双季早稻、双季晚稻和中稻产量最低,仅获得光温产量潜力的 61.3%、63.5% 和 61.1%。对于双季早稻,灌溉量在 0～300 mm 范围内,产量每增加 10%,灌溉量需增加 52 mm;对于双季晚稻,灌溉量在 0～305 mm,产量每增加 10%,灌溉量需增加 48 mm;对于中稻,灌溉量在 0～285 mm,产量每增加 10%,灌溉量需增加 48 mm。不同灌溉方式下,中稻平均产量较双季早稻高 1000～1500 kg·hm^{-2},较双季晚稻高 290～520 kg·hm^{-2},且中稻产量较双季早稻和双季晚稻更稳定。

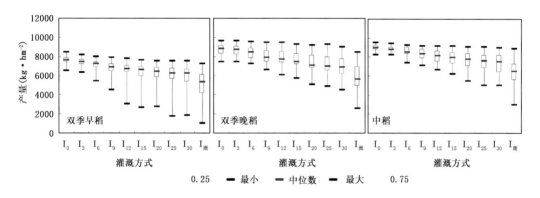

图 7.5 1981—2010 年双季稻和中稻不同产量水平对应的灌溉方式
(I$_0$、I$_3$、I$_6$、I$_9$、I$_{12}$、I$_{15}$、I$_{20}$、I$_{25}$ 和 I$_{30}$ 分别表示稻田水层消失 0、3、6、9、12、15、20、25 和
30 d 后进行灌溉,I$_雨$ 表示雨养)

7.2.2　不同施氮和灌溉水平下双季稻和中稻的净利润及变化

(1)不同施氮水平下双季稻和中稻的净利润及其变化特征

图 7.6 为 1981—2010 年不同施氮量下双季稻和中稻对应的净利润。由图 7.6 可以看出,不施氮条件下双季早稻的净利润为负值,双季晚稻接近于 0,而中稻仅为 290.3 元·hm^{-2}。施氮量在 25～600 kg·hm^{-2},双季早稻产量为 4369.4～8145.3 kg·hm^{-2},净利润为 625～3438.4 元·hm^{-2};双季晚稻产量为 4820.0～8884.2 kg·hm^{-2},净利润为 1128.6～5012.4 元·hm^{-2};中稻的产量为 4961.3～10194.0 kg·hm^{-2},净利润为 1286.7～6312.5 元·hm^{-2}。不同施氮量下,双季稻的净利润较中稻高 30.2～2873.9 元·hm^{-2}。双季早稻、双季晚稻和中稻净利润最高的施氮量分别为 250、200 和 300 kg·hm^{-2},此时双季早稻、双季晚稻和中稻对应的产量分别为 8085.0、8830.4 和 9962.2 kg·hm^{-2}。黄季焜等(1994)研究表明,当施氮 225 kg·hm^{-2} 时,若施氮量占总化肥施用量的比例提高 10%,则每公顷成本增加 95.55 元,产值下降 297 元。本研究得到的双季早稻、双季晚稻和中稻获得最高净利润对应的施氮量与黄季

焜等(1994)研究结果比较接近。存在差异的主要原因是黄季焜等(1994)研究是基于1991年的价格水平,而本研究是基于2004—2008年5年价格水平。

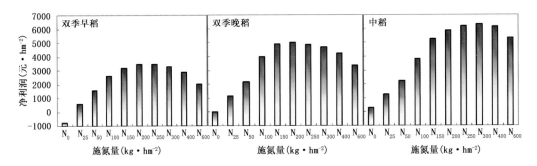

图 7.6 1981—2010 年不同施氮量下双季稻和中稻对应的净利润

(N_0、N_{25}、N_{50}、N_{100}、N_{150}、N_{200}、N_{250}、N_{300}、N_{400} 和 N_{600} 分别表示施氮量为

0、25、50、100、150、200、250、300、400 和 600 $kg \cdot hm^{-2}$)

施氮量变化影响水稻产量和氮肥农学利用效率,而决策者和农民更关注施氮量增加对收入有怎样影响。表 7.3 列出了不同施氮量下双季早稻、双季晚稻和中稻的净利润变化趋势及其变异系数。

表 7.3 1981—2010 年不同施氮量下双季稻和中稻净利润变化趋势及其变异系数

倾向值单位:元 $\cdot hm^{-2} \cdot (10a)^{-1}$

施氮量	双季早稻		双季晚稻		双季稻		中稻	
($kg \cdot hm^{-2}$)	倾向值	变异系数	倾向值	变异系数	倾向值	变异系数	倾向值	变异系数
25	−15.6**	0.51	−22.3**	0.39	−37.9**	0.39	−9.6**	0.16
50	−9.6*	0.22	−24.2**	0.22	−33.8**	0.18	−12.2**	0.10
100	−7.0	0.17	−32.2**	0.15	−39.2**	0.13	−12.0**	0.07
150	−6.1	0.17	−45.1**	0.16	−51.1**	0.13	−20.3**	0.07
200	−8.4	0.19	−50.9**	0.18	−59.3**	0.14	−27.3**	0.08
250	−11.7	0.22	−51.7**	0.19	−63.4**	0.16	−30.2**	0.08
300	−12.9	0.24	−51.9**	0.20	−64.7**	0.17	−34.1**	0.09
400	−13.4	0.28	−52.0**	0.22	−65.4**	0.19	−38.9**	0.11
600	−13.4	0.39	−52.0**	0.27	−65.4**	0.25	−40.3**	0.13

注:* 为 $p < 0.05$,** 为 $p < 0.01$。

从表 7.3 可以看出,1981—2010 年不同施氮量下双季早稻、双季晚稻和中稻净利润均呈下降趋势,其中,双季晚稻和中稻均呈显著下降趋势,且降幅均随着施氮量的增加而增大;在不同施氮量下净利润降幅最大的是双季晚稻,其次为中稻,最小的是双季早稻;双季稻降幅为586.5~981 元 $\cdot hm^{-2} \cdot (10a)^{-1}$。从变异系数来看,不同施氮量下,中稻净利润的变异系数最小,表明其年际间波动较小;其次为双季早稻;变异系数最大的是双季晚稻。值得注意的是,不同施氮量下双季稻变异系数均小于双季早稻和双季晚稻,表明双季早稻和双季晚稻产量在年际间有互补性,使双季稻净利润年际间波动小于双季早稻和双季晚稻。

(2)不同灌溉方式下双季稻和中稻的净利润及其变化特征

图 7.7 为 1981—2010 年不同灌溉方式下双季稻和中稻的净利润。由图 7.7 可以看出,随着水层消失天数的延长,即灌溉时间推迟,双季早稻、双季晚稻和中稻净利润均呈下降趋势。在雨养条件下,双季早稻、双季晚稻和中稻产量分别为 5013.6、5780.6 和 6284.9 kg·hm^{-2},净利润分别为 -316.8、958.7 和 1768.1 元·hm^{-2}。在 $I_0 \sim I_{30}$ 灌溉方式下,双季早稻产量在 5772.4～7580.4 kg·hm^{-2},净利润为 690.9～3091.5 元·hm^{-2};双季晚稻产量在 6915.7～8694.8 kg·hm^{-2},净利润为 958.7～4968.8 元·hm^{-2},中稻产量在 7273.9～8981.0 kg·hm^{-2},净利润为 1768.1～5474.7 元·hm^{-2}。双季早稻、双季晚稻和中稻均在 I_0 灌溉方式下净利润最高,此时双季早稻、双季晚稻和中稻产量分别为 7580.4、8694.8 和 8981.0 kg·hm^{-2};不同灌溉方式下,双季稻净利润较中稻高 95.3～2585.6 元·hm^{-2}。

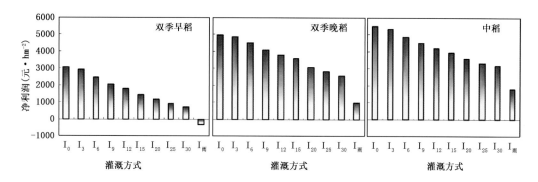

图 7.7　1981—2010 年不同灌溉方式下双季稻和中稻的净利润

(I_0、I_3、I_6、I_9、I_{12}、I_{15}、I_{20}、I_{25} 和 I_{30} 分别表示稻田水层消失 0、3、6、9、12、15、20、25 和 30 d 后进行灌溉,$I_雨$ 表示雨养)

表 7.4 为 1981—2010 年不同灌溉方式下双季稻和中稻净利润的变化趋势及其变异系数。由表 7.4 可以看出,1981—2010 年不同灌溉方式下双季早稻、双季晚稻和中稻的净利润均呈下降趋势,且降幅均随着灌溉时间的推迟而增大;不同灌溉方式下净利润降幅最大的是双季晚稻,而双季早稻在 $I_0 \sim I_9$ 灌溉方式下降幅小于中稻,在 $I_{12} \sim I_雨$ 灌溉方式下,中稻的降幅小于双季早稻。从变异系数来看,双季早稻、双季晚稻和中稻均随着灌溉时间的推迟而增大,变异系数最大的是双季早稻,其次为双季晚稻,中稻最小。双季稻的变异系数在 I_0、I_3 和 I_6 灌溉方式下均小于双季早稻和双季晚稻,说明在这 3 种灌溉方式下,双季早稻和双季晚稻产量具有互补性;不同灌溉方式下,双季稻变异系数均大于中稻。

表 7.4　1981—2010 年不同灌溉方式下双季稻和中稻净利润的变化趋势及其变异系数

倾向值单位:元·hm^{-2}·(10a)$^{-1}$

灌溉方式	双季早稻		双季晚稻		双季稻		中稻	
	倾向值	变异系数	倾向值	变异系数	倾向值	变异系数	倾向值	变异系数
I_0	-5.3	0.20	-48.7**	0.17	-54.0**	0.14	-24.5**	0.07
I_3	-8.7	0.21	-50.1**	0.18	-58.8**	0.15	-23.6**	0.09
I_6	-17.2	0.34	-52.0**	0.21	-69.2**	0.20	-23.6*	0.15
I_9	-24.6	0.54	-54.6**	0.26	-79.2**	0.28	-25.9	0.22

灌溉方式	双季早稻		双季晚稻		双季稻		中稻	
	倾向值	变异系数	倾向值	变异系数	倾向值	变异系数	倾向值	变异系数
I_{12}	−36.7*	0.76	−55.4**	0.32	−92.2**	0.36	−25.5	0.27
I_{15}	−41.3*	1.04	−56.2**	0.36	−97.6**	0.42	−26.5	0.32
I_{20}	−43.3	1.40	−56.4**	0.47	−99.7**	0.55	−29.3	0.42
I_{25}	−55.5*	2.00	−61.7**	0.54	−117.2**	0.71	−27.0	0.49
I_{30}	−50.0	2.78	−60.7**	0.61	−19.8**	0.83	−28.0	0.57
$I_{雨}$	−57.9	6.84	−58.6**	2.23	−116.5**	5.08	−20.1	1.35

注：* 为 $p < 0.05$，** 为 $p < 0.01$。

7.2.3 "单改双"实现收益最大化时对应的施氮量和灌溉方式

(1)"单改双"实现收益最大化时对应的最佳施氮量

为了比较单季稻改为双季稻(即中稻改为双季早稻+双季晚稻)实现收益最大时对应的最佳施氮量,在此计算了1981—2010年不同施氮量下双季稻和中稻的产量差和净利润差,如图7.8所示。由图7.8可以看出,1981—2010年施氮量低于150 kg·hm⁻²时,随着施氮量的增加,双季稻和中稻产量差呈显著增大趋势;当施氮量为150~200 kg·hm⁻²时,双季稻和中稻的产量差最大,之后随着施氮量的增加,产量差缩小。从各省来看,产量差最大的是安徽省,其次为湖北省,最小的是江苏省。从净利润差来看,施氮量在100 kg·hm⁻²以下时,随着施氮量的增加,净利润差明显增大;当施氮量达到150 kg·hm⁻²时,双季稻和中稻的净利润差最大;之后随着施氮量的增加,双季稻与中稻的净利润差也呈减小趋势。由此可以看出,从经济效益来看,敏感带施氮量为150 kg·hm⁻²时,中稻改为双季稻的收益最大。

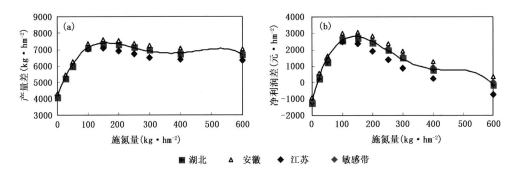

图 7.8　1981—2010 年在不同施氮量下双季稻和中稻的产量差(a)和净利润差(b)

(2)"单改双"实现收益最大化时对应的最佳灌溉方式

为了比较单季稻改为双季稻实现收益最大时对应的最佳灌溉方式,计算了1981—2010年在不同灌溉方式下双季稻和中稻的产量差和净利润差,如图7.9所示。由图7.9可以看出,随着灌溉时间的推迟,双季稻与中稻产量差呈减小趋势;在 I_0~I_6 灌溉方式下,安徽省产量差最大,最小的是江苏省,湖北省居中;在 I_9~$I_{雨}$ 方式下,江苏省产量差最大,湖北省产量差最小,安徽省居中。从净利润差来看,在 I_0 灌溉方式下区域净利润差最大,为2585.6 元·hm⁻²,而 $I_{雨}$

方式下区域净利润差为负值,即为亏损。由此可以看出,从经济效益来看,敏感带采取 I_0 灌溉方式时,中稻改为双季稻收益最大,此时双季稻较中稻的产量高 7294.2 kg·hm^{-2},净利润高 2585.6 元·hm^{-2};其次为 I_3 灌溉方式下,双季稻较中稻的产量高 7173.5 kg·hm^{-2},净利润高 2465.5 元·hm^{-2}。

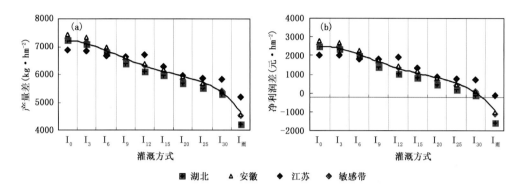

图 7.9　1981—2010 年在不同灌溉方式下双季稻和中稻的产量差(a)和净利润差(b)

综上所述,相同施氮量下产量最高的是中稻,其次为双季晚稻,最低的是双季早稻;双季早稻、双季晚稻和中稻获得最高净利润的施氮量分别为 250、200 和 300 kg·hm^{-2},对应的产量分别为 8085.0、8830.4 和 9962.2 kg·hm^{-2}。不同施氮量下净利润降幅最大的是双季晚稻,其次为中稻,最小的是双季早稻;中稻净利润的变异系数最小,其次为双季早稻,最大的是双季晚稻。当施氮量为 150 kg·hm^{-2} 时,敏感带"单改双"收益最大,此时双季稻较中稻产量高 7443.9 kg·hm^{-2},净利润高 2873.9 元·hm^{-2}。不同灌溉方式下中稻产量最高,其次为双季晚稻,双季早稻最低;双季早稻、双季晚稻和中稻均在 I_0 灌溉方式下净利润最高,此时对应的产量分别为 7580.4、8694.8 和 8981.0 kg·hm^{-2};在不同灌溉方式下净利润降幅最大的是双季晚稻,而双季早稻在 I_0、I_3、I_6 和 I_9 灌溉方式下降幅小于中稻,在 I_{12}、I_{15}、I_{20}、I_{25}、I_{30} 和 $I_雨$ 灌溉方式下中稻的降幅小于双季早稻;双季早稻、双季晚稻和中稻净利润的变异系数均随着灌溉时间的推迟而增大,变异系数最大的是双季早稻,其次为双季晚稻,中稻最小。在 I_0 灌溉方式下,敏感带"单改双"收益最大,此时双季稻较中稻的产量高 7294.2 kg·hm^{-2},净利润高 2585.6 元·hm^{-2};其次为 I_3 灌溉方式下,双季稻较中稻的产量高 7173.5 kg·hm^{-2},净利润高 2465.5 元·hm^{-2}。

7.3　历史气候条件下双季稻和中稻的社会和环境效益评价

本节从氮肥利用效率、水分利用效率、温室气体排放量和光温产量潜力 4 个方面评估双季稻和中稻的社会和环境效益。

7.3.1　不同产量水平对应的氮肥农学利用效率

氮肥淋失导致地下水和地表水受到不同程度污染。已有研究显示,土壤中氮淋失深度和淋失量与施氮量密切相关(张国梁 等,1998;闫德智 等,2005)。随着施氮量的增加,温室气体和氮氧化物排放量增大。

由本书7.2.1节可以看出,1981—2010年施氮量为$25\sim600$ kg·hm^{-2},双季早稻、双季晚稻和中稻的氮肥农学利用效率分别为$6.3\sim42.4$、$6.8\sim33.6$和$8.7\sim30.2$ kg·kg^{-1}。随着施氮量的增加,双季早稻、双季晚稻和中稻氮肥农学利用效率呈显著下降趋势($p<0.01$);产量呈上升趋势,农民种植水稻的收益增加,而施氮量增加则氮淋失比例上升(吕殿青 等,1998)。双季早稻产量在$0\sim300$ kg·hm^{-2}时,产量每增加10%,氮肥农学利用效率降低4.6 kg·kg^{-1};双季晚稻产量在$0\sim250$ kg·hm^{-2}时,产量每增加10%,氮肥农学利用效率降低2.2 kg·kg^{-1};中稻产量在$0\sim400$ kg·hm^{-2}时,产量每增加10%,氮肥农学利用效率降低1.7 kg·kg^{-1}。当双季早稻、双季晚稻和中稻产量为光温产量潜力的80%时,对应的氮肥农学利用效率分别为32.0、31.0和26.2 kg·kg^{-1}。当施氮量低于150 kg·hm^{-2}时,双季晚稻的氮肥农学利用效率最高,其次为中稻,最小的是双季早稻;当施氮量超过150 kg·hm^{-2}时,氮肥农学利用效率最大的是中稻,其次为双季晚稻;不论施氮量如何变化,双季早稻的氮肥农学利用效率都为最小。双季早稻、双季晚稻和中稻的氮肥农学利用效率的最高点对应的施氮量均为25 kg·hm^{-2},但该施氮量下双季早稻、双季晚稻和中稻的产量均处于较低水平;该施氮水平虽然可降低氮淋失,但却不利于农民收入的提高和保障粮食安全。

7.3.2　氮肥农学利用效率与净利润最优对应的施氮量

由以上分析可以看出,施氮量增加则产量提高,但同时氮肥农学利用效率降低,土壤中氮淋失深度和淋失量加重;另外,氮肥农学利用效率较高时对应的产量和收益相对较低。为了阐明如何在保证较高产量和收益下,氮肥农学利用效率也相对较高,本节进一步分析了净利润和氮肥农学利用效率同步较高下的施氮量,即环境效益和经济效益同步较高下的最佳施氮水平。由于净利润和氮肥农学利用效率的量纲不同,首先对二者进行归一化处理,使其具有可比性;实际生产中,农民希望氮肥农学利用效率和净利润同步较高,但随着施氮量的增加二者变化趋势相反。所以,当归一化处理后的净利润和氮肥农学利用效率之和达最大时,此时对应的施氮量能够保证氮肥农学利用效率和净利润均达到相对较高值,定义该施氮量为效率与利润最优下的施氮量。

1981—2010年敏感带双季早稻、双季晚稻和中稻施氮量与归一化净利润、氮肥农学利用效率之和的相关关系如图7.10所示。从图7.10可以看出,双季早稻归一化净利润与氮肥农学利用效率之和最大值对应的施氮量为130 kg·hm^{-2},该施氮量对应的净利润和氮肥农学利用效率分别为2886.9元·hm^{-2}和19.2 kg·kg^{-1}。双季晚稻的交点在118 kg·hm^{-2},对应的净利润和氮肥农学利用效率分别为4380.0元·hm^{-2}和23.4 kg·kg^{-1}。中稻的交点在

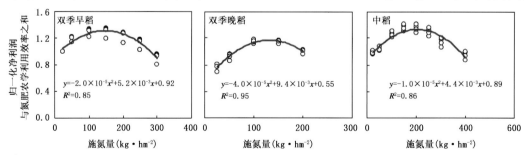

图7.10　双季稻和中稻施氮量与归一化净利润、氮肥农学利用效率之和的相关关系

221 kg・hm^{-2}，对应的净利润和氮肥农学利用效率分别为 6117.0 元・hm^{-2} 和 18.2 kg・kg^{-1}。表明双季早稻、双季晚稻和中稻的氮肥农学利用效率与净利润最优的施氮量分别为 130、118 和 221 kg・hm^{-2}，该施氮量下可保证氮肥农学利用效率和净利润均达到相对高值。

综上所述，当双季稻和中稻均采用其各自氮肥农学利用效率与净利润最优的施氮量时，双季稻比中稻多施 27 kg・hm^{-2}，净利润较中稻多 1150.0 元・hm^{-2}；从氮肥产出来看，双季晚稻氮肥产出率最高，其次为中稻，双季早稻的氮肥产出率最低，而双季稻的氮肥产出率较中稻高 1.7 元・kg^{-1}；从氮肥农学利用效率来看，双季晚稻最高，为 23.4 kg・kg^{-1}，分别较双季早稻和中稻高 4.2 和 5.3 kg・kg^{-1}。因此，当双季稻和中稻均采用其各自的氮肥农学利用效率与净利润最优的施氮量时，在敏感带种植双季稻可实现氮肥农学利用效率与净利润的最优。

7.3.3　不同产量水平对应的水分利用效率

表 7.5 为 1981—2010 年平均施氮量下在 I$_0$～I$_雨$ 灌溉方式下双季稻和中稻的水分利用效率和灌溉水利用效率。从表 7.5 可以看出，双季晚稻的水分利用效率随灌溉时间的推迟呈增大趋势，而双季早稻和中稻呈先上升后降低趋势。I$_{12}$～I$_{30}$ 灌溉方式下双季早稻和中稻灌溉水利用效率均随灌溉量的减少而降低的主要原因是：双季早稻生育后期和中稻大部分生育阶段处于当地高温期，缺水时间达到一定程度时出现大幅度减产，后期即使再补充灌溉也难以恢复到正常产量水平。

表 7.5　1981—2010 年平均施氮量下在 I$_0$～I$_雨$灌溉方式下双季稻和中稻的水分利用效率和灌溉水利用效率

作物	项目	I$_0$	I$_3$	I$_6$	I$_9$	I$_{12}$	I$_{15}$	I$_{20}$	I$_{25}$	I$_{30}$	I$_雨$	平均
双季早稻	R(mm)	448.7	448.7	448.7	448.7	448.7	448.7	448.7	448.7	448.7	448.7	448.7
	I(mm)	300.0	235.9	189.1	160.0	135.3	119.7	101.3	94.1	88.4	0	158.2
	Y(kg・hm^{-2})	7580	7407	7069	6744	6547	6316	6119	5943	5772	5014	6451
	WUE(g・kg^{-1})	1.041	1.120	1.152	1.158	1.176	1.163	1.168	1.146	1.117	1.172	1.14
	IWUE(g・kg^{-1})	0.739	0.886	0.955	0.980	1.043	1.019	1.073	0.988	0.849	0	0.95
双季晚稻	R(mm)	267.1	267.1	267.1	267.1	267.1	267.1	267.1	267.1	267.1	267.1	267.1
	I(mm)	304.4	245.1	202.2	177.2	150.9	130.7	113.1	98.1	81.3	0	167.0
	Y(kg・hm^{-2})	8695	8598	8329	8033	7811	7639	7297	7104	6916	5781	7620
	WUE(g・kg^{-1})	1.532	1.692	1.795	1.833	1.898	1.951	1.947	1.979	2.049	2.252	1.89
	IWUE(g・kg^{-1})	0.817	0.986	1.090	1.107	1.190	1.254	1.210	1.240	1.260	0	1.13
中稻	R(mm)	493.7	493.7	493.7	493.7	493.7	493.7	493.7	493.7	493.7	493.7	493.7
	I(mm)	285.9	223.1	182.8	154.4	131.6	116.3	100.0	90.6	81.6	0	151.8
	Y(kg・hm^{-2})	8981	8831	8523	8241	8032	7838	7578	7417	7274	6285	7900
	WUE(g・kg^{-1})	1.171	1.257	1.289	1.303	1.321	1.321	1.310	1.302	1.295	1.295	1.29
	IWUE(g・kg^{-1})	0.723	0.874	0.952	0.983	1.067	1.064	1.028	1.003	0.994	0	0.97

注：R 和 I 分别为水稻生育期内的降水量和灌溉量，Y、WUE 和 IWUE 分别为产量、水分利用效率和灌溉水利用效率，下同。

在 I$_0$～I$_雨$ 灌溉方式下双季早稻、双季晚稻和中稻产量分别为 5014～7580、5781～8695 和 6285～8981 kg・hm^{-2}，水分利用效率分别为 1.041～1.176、1.532～2.252 和 1.171～1.321 g・kg^{-1}。中稻在 130～290 mm 灌溉水平下产量每增加 10%，水分利用效率降低 0.09

$g \cdot kg^{-1}$,灌溉水利用效率降低 0.21 $g \cdot kg^{-1}$;双季晚稻在 150～305 mm 灌溉水平下产量每增加 10%,水分利用效率降低 0.09 $g \cdot kg^{-1}$,灌溉水利用效率降低 0.22 $g \cdot kg^{-1}$;双季早稻在 135～300 mm 灌溉水平下,产量每增加 10%,水分利用效率降低 0.07 $g \cdot kg^{-1}$,灌溉水利用效率降低 0.16 $g \cdot kg^{-1}$。在不同产量水平下,双季晚稻水分利用效率和灌溉水利用效率均最高,其水分利用效率分别较双季早稻和中稻高 0.49～1.08 和 0.36～0.96 $g \cdot kg^{-1}$,其灌溉水利用效率分别较双季早稻和中稻高 0.08～0.41 和 0.09～0.27 $g \cdot kg^{-1}$。双季晚稻水分利用效率最高值出现在 $I_{雨}$ 方式下,为 2.252 $g \cdot kg^{-1}$,此时产量为 5781 $kg \cdot hm^{-2}$;双季早稻出现在 I_{12} 灌溉方式下,为 1.176 $g \cdot kg^{-1}$,对应的产量为 6547 $kg \cdot hm^{-2}$;而中稻出现在 I_{12} 和 I_{15} 灌溉方式下,为 1.321 $g \cdot kg^{-1}$,对应的产量分别为 8032 和 7838 $kg \cdot hm^{-2}$。灌溉水利用效率最高值,双季晚稻出现在 I_{30} 灌溉方式下,为 1.260 $g \cdot kg^{-1}$,对应的产量为 6916 $kg \cdot hm^{-2}$;双季早稻出现在 I_{20} 灌溉方式下,为 1.073 $g \cdot kg^{-1}$,对应的产量为 6119 $kg \cdot hm^{-2}$;中稻出现在 I_{12} 灌溉方式下,为 1.067 $g \cdot kg^{-1}$,对应的产量为 8032 $kg \cdot hm^{-2}$。

7.3.4 水分利用效率和净利润最优时双季稻和中稻产量及灌溉量比较

从表 7.5 平均施氮量下 I_0～$I_{雨}$ 灌溉方式下双季稻和中稻的水分利用效率和灌溉水利用效率可以看出,在 I_0～$I_{雨}$ 灌溉方式下双季稻产量在 10795～16275 $kg \cdot hm^{-2}$,中稻产量在 6285～8981 $kg \cdot hm^{-2}$,双季稻产量比中稻高 4510～7294 $kg \cdot hm^{-2}$。在不同的灌溉方式下,双季稻灌溉量较中稻多 88.1～318.5 mm,平均多 173.4 mm。I_0～I_{25} 灌溉方式下灌溉量最低的是中稻,其次为双季早稻,双季晚稻灌溉量最高;而全生育期降水量最高的是中稻,其次为双季早稻,最低的是双季晚稻。由此可以看出,虽然双季晚稻水分利用效率和灌溉水利用效率均最高,但其生育期内自然降水最少,导致其需要补充的灌溉量最高;双季早稻生育期内虽然降水量较高,但其水分利用效率和灌溉水利用效率均最低,产量偏低,而灌溉量与中稻接近;中稻生育期内降水量最多,其水分利用效率和灌溉水利用效率也较高,需要补充的灌溉量低于双季晚稻,产量也较高。因此,从节约用水、保护生态环境、提高灌溉水利用效率,且获得较高产量的角度出发,敏感带种植中稻更适宜。本研究采取的是固定施氮量(双季早稻、双季晚稻和中稻均为 170 $kg \cdot hm^{-2}$),该施氮量低于施氮量临界值(双季早稻、双季晚稻和中稻分别为 300、200 和 400 $kg \cdot hm^{-2}$)。而固定施氮量与各自临界施氮量差异影响水分利用效率(卢从明 等,1993;王若涵,2009),因此,当双季早稻、双季晚稻和中稻均采用临界施氮量时,中稻水分利用效率和灌溉水利用效率提高幅度高于双季早稻和双季晚稻。1981—2010 年临界施氮量下 I_0～$I_{雨}$ 灌溉方式下双季稻和中稻的水分利用效率和灌溉水利用效率的比较如表 7.6 所示。

表 7.6 1981—2010 年临界施氮量下在 I_0～$I_{雨}$ 灌溉方式下双季稻和中稻的水分利用效率和灌溉水利用效率

单位:$g \cdot kg^{-1}$

作物	项目	I_0	I_3	I_6	I_9	I_{12}	I_{15}	I_{20}	I_{25}	I_{30}	$I_{雨}$	平均
双季早稻	WUE	1.087	1.165	1.191	1.191	1.207	1.190	1.193	1.170	1.140	1.188	1.172
	IWUE	0.820	0.975	1.041	1.062	1.126	1.092	1.148	1.058	0.916	0	1.026
双季晚稻	WUE	1.551	1.711	1.813	1.848	1.912	1.964	1.958	1.990	2.056	2.259	1.906
	IWUE	0.843	1.014	1.117	1.133	1.216	1.277	1.227	1.258	1.282	0	1.152

续表

作物	项目	I_0	I_3	I_6	I_9	I_{12}	I_{15}	I_{20}	I_{25}	I_{30}	$I_雨$	平均
中稻	WUE	1.309	1.401	1.428	1.438	1.452	1.447	1.432	1.421	1.411	1.392	1.413
	IWUE	0.872	1.050	1.136	1.173	1.261	1.249	1.198	1.173	1.154	0	1.141

从表 7.6 可以看出,在 $I_0 \sim I_{12}$ 灌溉方式下中稻的灌溉水利用效率最高,在 $I_{15} \sim I_雨$ 灌溉方式下双季晚稻的灌溉水利用效率最高,而双季早稻在不同灌溉方式下的灌溉水利用效率均为最低。就水分利用效率来看,同一灌溉方式下,双季晚稻最高,其次为中稻,双季早稻最低。由此可见,从提高灌溉水利用效率和节约用水的角度来看,在灌溉条件和施肥条件均较好的地区,种植中稻更适宜。

7.3.5　双季稻和中稻稻田 CH_4 和 N_2O 排放量比较

CH_4 和 N_2O 是温室气体,其在空气中含量达到一定程度会导致全球变暖和破坏臭氧层,对人类生存环境产生不利影响。稻田是大气中 CH_4 和 N_2O 的重要排放源之一。全球稻田 CH_4 的年排放总量占全球 CH_4 总排放量的 5%~19%(IPCC,2007)。2000 年我国稻田 CH_4 排放总量为 6.02 Tg,其中,双季早稻排放量为 1.63 Tg、双季晚稻为 1.46 Tg、中稻为 2.93 Tg(黄耀 等,2006)。比较分析敏感带种植双季稻和中稻在不同产量水平下温室气体排放量,对于评估"单改双"的环境效益具有重要意义。

稻田 CH_4 排放量与气象因素、土壤类型和理化特征、栽培措施等相关(张仁健 等,1999),田间水分和施肥管理是主要影响因素(田光明 等,2002)。因此,本节主要从不同施氮量和不同灌溉方式角度比较双季稻和中稻田 CH_4 和 N_2O 排放量。

(1)不同施氮量下温室气体排放量

表 7.7 为 1981—2010 年不同施氮量下双季稻和中稻农田温室气体 CH_4 和 N_2O 排放量。从表 7.7 可以看出,在不同施氮量下,双季稻的 CH_4 排放量较中稻高 306.2~588.0 kg·hm^{-2},而 N_2O 排放量较中稻低 0.35~2.53 kg·hm^{-2}。可见,敏感带种植中稻较双季稻 CH_4 排放量减少三分之二,N_2O 排放量减少三分之一。本节以 100 a 为时间尺度,假设单位质量 CH_4 和 N_2O 全球增温潜势(GWP)分别为 CO_2 的 25 和 298 倍(IPCC,2007;石生伟 等,2011)的情况下计算双季早稻、双季晚稻和中稻的全球增温潜势(GWP),如表 7.8 所示。

表 7.7　1981—2010 年不同施氮量下双季稻和中稻农田温室气体 CH_4 和 N_2O 排放量

单位:kg·hm^{-2}

施氮量	双季早稻		双季晚稻		双季稻		中稻	
	CH_4	N_2O	CH_4	N_2O	CH_4	N_2O	CH_4	N_2O
0	121.1	0.70	339.2	0.42	460.3	1.12	154.2	0.78
25	141.1	0.89	395.0	0.53	536.0	1.42	179.5	0.98
50	156.2	1.07	437.3	0.64	593.5	1.71	198.8	1.18
100	184.0	1.44	515.1	0.86	699.1	2.30	234.2	1.58
150	202.4	1.81	566.8	1.08	769.2	2.88	257.6	1.99
200	213.1	2.18	596.7	1.30	809.7	3.47	271.2	2.39

施氮量	双季早稻		双季晚稻		双季稻		中稻	
	CH_4	N_2O	CH_4	N_2O	CH_4	N_2O	CH_4	N_2O
250	220.1	2.54	616.3	1.51	836.5	4.06	280.2	2.80
300	225.0	2.91	629.9	1.73	854.8	4.65	286.3	3.20
400	230.0	3.65	643.9	2.17	873.8	5.82	292.7	4.01
600	232.7	5.12	651.5	3.05	884.2	8.17	296.1	5.63

从表 7.8 可以看出,相同施氮量下,双季早稻单位产量的全球增温潜势(GWP)最小,其次为中稻,最大的是双季晚稻。不同施氮量下,双季稻总的全球增温潜势(GWP)较中稻高 7757.8~15456.3 kg·hm^{-2},单位产量的全球增温潜势(GWP)较中稻高 0.39~0.55 kg·hm^{-2}。双季早稻在 0~300 kg·hm^{-2} 施氮范围内,产量每增加 10%,总的全球增温潜势(GWP)增加 356 kg·hm^{-2};双季晚稻在 0~250 kg·hm^{-2} 施氮范围内,产量每增加 10%,总的全球增温潜势(GWP)增加 875 kg·hm^{-2};中稻在 0~400 kg·hm^{-2} 施氮范围内,产量每增加 10%,总的全球增温潜势(GWP)增加 385 kg·hm^{-2}。由此可以看出,双季稻不仅总的全球增温潜势(GWP)高于中稻,而且单位产量的全球增温潜势(GWP)也高于中稻。因此,在不同施氮量下,从减少温室气体排放、保护生态环境的角度出发,在敏感带种植中稻更适宜。

表 7.8　不同施氮量下双季稻和中稻农田温室气体排放效应　　　　单位:kg·hm^{-2}

施氮量	双季早稻		双季晚稻		双季稻		中稻	
	总的 GWP	单位产量 的 GWP	总的 GWP	单位产量 的 GWP	总的 GWP	单位产量 的 GWP	总的 GWP	单位产量 的 GWP
0	3238.4	0.74	8604.8	1.79	11843.2	1.29	4085.4	0.82
25	3791.2	0.70	10031.8	1.77	13823.0	1.25	4779.6	0.84
50	4224.0	0.69	11122.8	1.73	15346.9	1.22	5321.0	0.82
100	5028.7	0.71	13134.0	1.68	18162.7	1.22	6326.1	0.83
150	5599.6	0.74	14491.0	1.68	20090.6	1.24	7033.8	0.80
200	5975.7	0.75	15302.3	1.73	21278.0	1.27	7493.6	0.80
250	6261.1	0.77	15859.8	1.79	22121.0	1.30	7838.0	0.81
300	6491.7	0.80	16263.8	1.83	22755.5	1.34	8112.6	0.81
400	6835.9	0.84	16744.0	1.88	23579.9	1.38	8512.8	0.84
600	7342.5	0.90	17195.7	1.94	24538.2	1.44	9081.9	0.89

注:GWP 均以 CO_2 计。

(2)不同灌溉方式下温室气体排放量

表 7.9 为 1981—2010 年不同灌溉方式下双季稻和中稻农田温室气体 CH_4 和 N_2O 排放量。从表 7.9 可以看出,不同灌溉方式下双季稻 CH_4 排放量较中稻高 401.5~517.1 kg·hm^{-2},而 N_2O 排放量较中稻低 0.97 kg·hm^{-2}。

表 7.10 为 1981—2010 年不同灌溉方式下双季稻和中稻农田温室气体 CH_4 和 N_2O 排放效应。从表 7.10 可以看出,不同灌溉方式下,双季早稻与中稻的单位产量全球增温潜势(GWP)接近,为 0.75~0.91 kg·hm^{-2},而双季晚稻为 1.68~1.98 kg·hm^{-2}。不同灌溉方

表 7.9　1981—2010 年不同灌溉方式下双季稻和中稻农田温室气体 CH_4 和 N_2O 排放量

单位:$kg \cdot hm^{-2}$

灌溉方式	双季早稻		双季晚稻		双季稻		中稻	
	CH_4	N_2O	CH_4	N_2O	CH_4	N_2O	CH_4	N_2O
I_0	204.6	1.96	572.9	1.16	777.5	3.12	260.4	2.15
I_3	201.2	1.96	563.3	1.16	764.4	3.12	256.0	2.15
I_6	196.0	1.96	548.7	1.16	744.7	3.12	249.4	2.15
I_9	191.4	1.96	536.0	1.16	727.4	3.12	243.6	2.15
I_{12}	187.2	1.96	524.2	1.16	711.4	3.12	238.3	2.15
I_{15}	184.0	1.96	515.1	1.16	699.1	3.12	234.1	2.15
I_{20}	180.6	1.96	505.6	1.16	686.1	3.12	229.6	2.15
I_{25}	177.9	1.96	498.2	1.16	676.2	3.12	226.5	2.15
I_{30}	176.5	1.96	494.3	1.16	670.8	3.12	224.7	2.15
$I_雨$	158.9	1.96	444.9	1.16	603.8	3.12	202.2	2.15

表 7.10　1981—2010 年不同灌溉方式下双季稻和中稻农田温室气体 CH_4 和 N_2O 排放效应

单位:$kg \cdot hm^{-2}$

灌溉方式	双季早稻		双季晚稻		双季稻		中稻	
	总的 GWP	单位产量的 GWP	总的 GWP	单位产量的 GWP	总的 GWP	单位产量的 GWP	总的 GWP	单位产量的 GWP
0	5697.6	0.75	14668.7	1.69	20366.4	1.25	7151.0	0.80
25	5611.9	0.76	14428.6	1.68	20040.5	1.25	7041.9	0.80
50	5481.8	0.78	14064.4	1.69	19546.1	1.27	6876.3	0.81
100	5368.0	0.80	13745.7	1.71	19113.7	1.29	6731.5	0.82
150	5262.7	0.80	13451.1	1.72	18713.8	1.30	6597.6	0.82
200	5181.8	0.82	13224.4	1.73	18406.2	1.32	6494.5	0.83
250	5096.7	0.83	12986.0	1.78	18082.7	1.35	6386.2	0.84
300	5031.1	0.85	12802.5	1.80	17833.7	1.37	6302.8	0.85
400	4995.7	0.87	12703.4	1.84	17699.1	1.39	6257.7	0.86
600	4554.8	0.91	11468.8	1.98	16023.6	1.48	5696.5	0.91

注:GWP 均以 CO_2 计。

式下,双季稻总的全球增温潜势(GWP)较中稻高 10327.1~13215.4 $kg \cdot hm^{-2}$,双季稻单位产量全球增温潜势(GWP)较中稻高 0.46~0.58 $kg \cdot hm^{-2}$。双季早稻在 I_0~$I_雨$ 灌溉方式下,产量每增加 10%,全球增温潜势(GWP)增加 323 $kg \cdot hm^{-2}$;双季晚稻在 I_0~$I_雨$ 灌溉方式下,产量每增加 10%,全球增温潜势(GWP)增加 919 $kg \cdot hm^{-2}$;中稻在 I_0~$I_雨$ 灌溉方式下,产量每增加 10%,全球增温潜势(GWP)增加 475 $kg \cdot hm^{-2}$。由此可以看出,双季稻不仅总的全球增温潜势(GWP)高于中稻,而且单位产量全球增温潜势(GWP)也高于中稻。因此,在不同灌溉方式下,从减少温室气体排放、保护生态环境的角度出发,在敏感带种植中稻更适宜。

由此可见,不同施氮量和不同灌溉方式下,种植中稻均比双季稻温室气体排放量少,从减排角度看,种植中稻更有利。

综上所述,无论不同施氮量还是不同灌溉方式,双季稻总的全球增温潜势(GWP)和单位产量的 GWP 均要高于中稻。因此,从减少温室气体排放、减缓气候变暖、保护生态环境的角度出发,在该敏感带种植中稻更适宜。

7.3.6 双季稻和中稻的光温产量潜力比较

粮食安全关系着国计民生,水稻产量关系到国家口粮安全,因此,在评估敏感带种植双季稻和中稻的经济和环境效益的同时,比较种植双季稻和中稻的产量至关重要。在此着重比较双季稻和中稻光温产量潜力差异。

图 7.11 为 1981—2010 年敏感带双季稻和中稻的光温产量潜力。从图 7.11 可以看出,1981—2010 年光温产量潜力最高的是中稻,敏感带平均为 10289 kg·hm^{-2};其次是双季晚稻,为 9100 kg·hm^{-2};最低的是双季早稻,为 8173 kg·hm^{-2}。敏感带内的安徽、湖北和江苏各省均呈现同样趋势。从图 7.11 中可见,双季稻(双季早稻+双季晚稻)的产量远高于中稻的产量,敏感带平均高 6984 kg·hm^{-2},且所有站均表现出同样趋势。

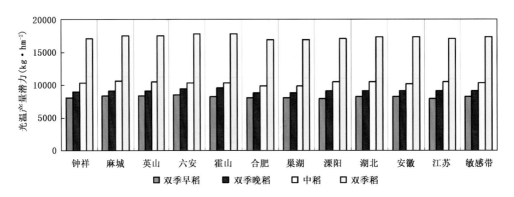

图 7.11　1981—2010 年敏感带双季稻和中稻的光温产量潜力

由此可以看出,虽然中稻产量高于双季早稻或双季晚稻,但其产量却明显低于双季稻,所以,从保障水稻产量和国家粮食安全角度,敏感带种植双季稻更适宜。

7.4　未来气候情景下双季稻和中稻的效益比较

本书 7.3 节比较了 1981—2010 年敏感带种植双季稻和中稻的经济效益、社会效益和环境效益,本节将重点分析未来气候情景下 2021—2050 年和 2070—2100 年两个时段双季稻和中稻的经济效益、社会效益和环境效益。

7.4.1 双季稻和中稻的经济效益评价

(1)不同产量水平对应的施氮量

图 7.12 和图 7.13 分别为未来气候情景(A1B)下 2021—2050 年和 2071—2100 年两个时段,双季稻和中稻不同产量和氮肥农学利用效率对应的施氮量。由图可以看出,2021—2050

年随着施氮量增加，双季早稻、双季晚稻和中稻产量均呈增加趋势，但增加趋势逐渐变缓。当双季早稻、双季晚稻和中稻施氮量分别为 250、200 和 400 kg·hm^{-2}时，即使施氮量再增加，产量也不再发生明显变化。在不同施氮量下，产量最高的均为中稻，其次为双季晚稻，双季早稻产量最低，且随着施氮量增加，总体表现为中稻与双季晚稻和双季早稻产量差越来越大。当双季早稻、双季晚稻和中稻的施氮量分别为 89.2、95.5 和 139.2 kg·hm^{-2}时，分别能够达到其光温产量潜力的 80%；而不施氮产量水平分别仅为其光温产量潜力的 50.5%、50.3% 和 45.4%。双季稻与中稻产量差最大值出现在施氮量为 200 kg·hm^{-2}时，二者相差 7669.3 kg·hm^{-2}。雨养条件下，二者产量差最小，为 4130.6 kg·hm^{-2}。

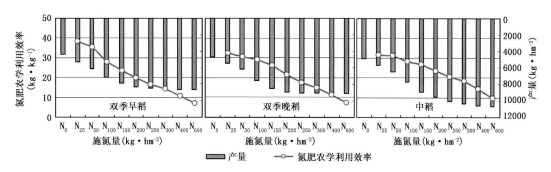

图 7.12 2021—2050 年双季稻、中稻不同产量（柱）和氮肥农学利用效率（折线）对应的施氮量

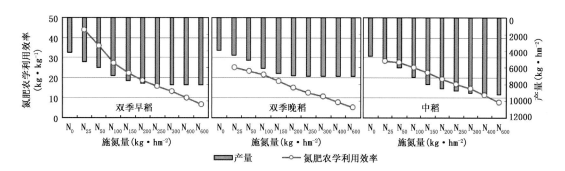

图 7.13 2071—2100 年双季稻、中稻不同产量（柱）和氮肥农学利用效率（折线）对应的施氮量

2071—2100 年在不同施氮量下，产量最低的均为双季晚稻，其次为双季早稻，中稻的产量最高；与 1981—2010 年和 2021—2050 年一致，施氮量增加对产量提升有显著作用。双季早稻、双季晚稻和中稻获得 80% 的光温产量潜力对应的施氮量分别为 78.2、80.3 和 116.5 kg·hm^{-2}；而不施氮时，双季早稻、双季晚稻和中稻获得的产量分别相当于其光温产量潜力的 51.5%、55.2% 和 50.1%。在不同施氮量下双季稻与中稻产量差为 3474.4~5969.2 kg·hm^{-2}，该时段的产量差总体上均低于 1981—2010 年和 2021—2050 年。

（2）不同施氮量下双季稻和中稻的净利润差

图 7.14 为未来气候情景下双季稻和中稻不同施氮量对应的净利润差。从图 7.14 可以看出，2021—2050 年和 2071—2100 年两个时段双季稻与中稻的净利润差在不同施氮量下总体呈先增加后减少趋势。在低于 100 kg·hm^{-2}的较低施氮水平下，净利润差各省之间差异不大；随着施氮量增加，各省之间差异逐渐增大。在不施氮时，各省净利润差均为负值。在不同

施氮量下,净利润差最大的是湖北省,最小是江苏省。双季稻与中稻净利润差最大值出现在施氮量 200 kg·hm^{-2}时,此时 2021—2050 年和 2071—2100 年两个时段在区域上的净利润差分别为 2961.5 和 1021.6 元·hm^{-2}。由此可以看出,2021—2050 年不施氮时种植中稻亏损低于双季稻,在 25～600 kg·hm^{-2}的施氮量下,种植双季稻的收益均大于中稻,当施氮量达到一定程度时,随着施氮量增加收益降低。2071—2100 年施氮量为 0、25、50、400 和 600 kg·hm^{-2}时,中稻净利润高于双季稻;施氮量为 100～400 kg·hm^{-2}时,双季稻净利润高于中稻。

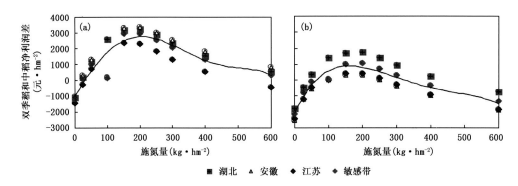

图 7.14　未来气候情景下双季稻和中稻不同施氮量对应的净利润差
(a)2021—2050 年;(b)2071—2100 年

（3）不同灌溉方式对应的净利润

图 7.15 和图 7.16 分别为 2021—2050 年和 2071—2100 年两个时段不同灌溉方式下双季稻和中稻的净利润。从图可以看出,2021—2050 年在不同灌溉方式下,双季稻的净利润均高于中稻,但双季稻净利润年际间波动明显大于中稻。在 I$_3$ 灌溉方式下双季稻与中稻净利润差异最大,为 3468.9 元·hm^{-2};在 I$_9$ 灌溉方式下差异最小,仅为 575.3 元·hm^{-2}。在 I$_0$ 灌溉方式下,双季稻和中稻的净利润所有年份均为正收益,而中稻在 I$_3$～I$_雨$ 灌溉方式下、双季稻在 I$_6$～I$_雨$ 灌溉方式下,均有个别年份效益为负值。在雨养条件下,双季稻和中稻的区域收益均为负值,其中,双季稻较中稻多亏损 836.7 元·hm^{-2},双季稻和中稻出现负收益的年份数占总年份数的比例均为 90％。

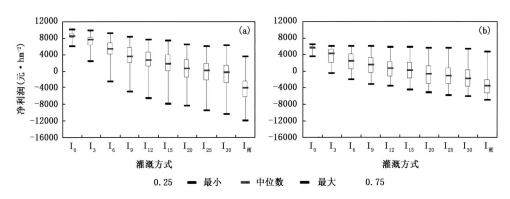

图 7.15　2021—2050 年不同灌溉方式下双季稻(a)和中稻(b)的净利润

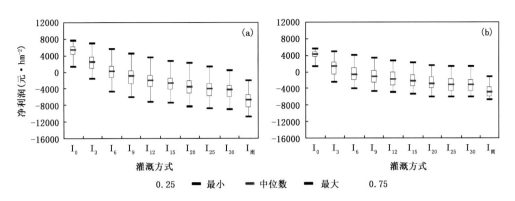

图 7.16　2071—2100 年不同灌溉方式下双季稻(a)和中稻(b)的净利润

2071—2100 年不同灌溉方式下双季稻和中稻的净利润年际之间波动总体低于 2021—2050 年,双季稻净利润年际之间波动仍高于中稻。双季稻和中稻均在 I_0 灌溉方式下净利润最高,分别为 4967.0 和 3921.9 元·hm^{-2}。双季稻在 $I_0 \sim I_6$ 灌溉方式下、中稻在 I_0 和 I_3 灌溉方式下,净利润均为正值,在其他灌溉方式下种植效益均为负值。2071—2100 年不同灌溉方式下双季稻和中稻净利润均较 2021—2050 年有不同程度的降低。除 I_0 灌溉方式外,其余灌溉方式下双季稻和中稻均有个别年份收益为负值。雨养条件下,二者净收益均为负值,分别为 −6930.1 和 −4763.7 元·hm^{-2}。

由于我国农业灌溉成本较低,所以,实际生产中,通过增加灌溉量提高单产,但灌溉成本没有大幅提高。因此,虽然双季稻灌溉量高于中稻,但其净利润仍随着灌溉量增加而增大,按目前成本标准,不同灌溉方式未来气候情景下敏感带种植双季稻收益仍高于中稻。未来随着水资源短缺程度加重,农业灌溉水成本提高,净利润差在灌溉量达到某一阈值时将随着灌溉量增加而降低。为此,本节将灌溉成本由历史的 0.08 元·t^{-1} 提高至未来的 0.8 元·t^{-1},灌溉成本提高之后未来气候情景下 2021—2050 年和 2071—2100 年不同灌溉方式下的净利润变化如图 7.17 所示。

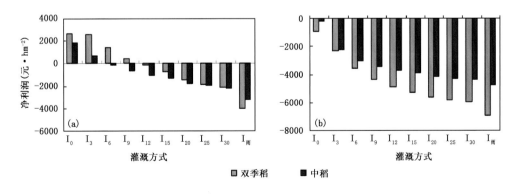

图 7.17　未来气候情景下双季稻和中稻不同灌溉方式对应的净利润

(a)2021—2050 年;(b)2071—2100 年

由图 7.17 可见,当灌溉成本增加到 0.8 元·t^{-1} 时,不同灌溉方式未来气候情景下 2021—2050 年和 2071—2100 年两个时段双季稻和中稻净利润均明显降低,其中 2071—2100 年双季稻和中稻种植效益均为负值,分别亏损 925.9～6930.1 和 179.1～4763.7 元·hm^{-2};2021—2050 年双季稻仅在 I_0～I_9 灌溉方式下、中稻在 I_0 和 I_3 灌溉方式下的净利润为正值,其余灌溉方式下二者的种植效益均为负值。与灌溉成本为 0.08 元·t^{-1} 相比,2021—2050 年双季稻的净利润降低 1472.5～5612.4 元·hm^{-2},中稻降低 981.2～3668.5 元·hm^{-2};2071—2100 年双季稻的净利润降低 1448.5～5892.9 元·hm^{-2},中稻降低 1016.6～4101.0 元·hm^{-2}。由此可见,随着水资源日益紧张,未来农业灌溉用水缺口增大,灌溉成本相应提高,水稻种植收益存在降低风险,其中,成本提高对双季稻影响要大于中稻。

总体来看,未来气候情景在不同施氮水平下,产量最高的均是中稻,其次为双季晚稻,双季早稻产量最低,但双季稻产量均高于中稻。不施氮时中稻收益要高于双季稻;在 25～600 kg·hm^{-2} 施氮量下,双季稻收益高于中稻。在不同灌溉方式下,双季稻净利润均高于中稻,但双季稻净利润年际之间波动明显高于中稻。

7.4.2 双季稻和中稻的社会和环境效益评价

(1)不同产量水平对应的氮肥农学利用效率

本书 7.4.1 节计算了 2021—2050 年和 2071—2100 年双季稻、中稻不同产量和氮肥农学利用效率对应的施氮量,如图 7.12 和图 7.13 所示。由此可以看出,时段 2021—2050 年双季早稻、双季晚稻和中稻的氮肥农学利用效率随施氮量增加呈下降趋势。施氮量分别为 25 和 50 kg·hm^{-2} 时,氮肥农学利用效率最高的是双季早稻,其次为中稻,最低的是双季晚稻;施氮量为 100 kg·hm^{-2} 时,双季早稻、双季晚稻和中稻的氮肥农学利用效率差异不大;施氮量为 150 kg·hm^{-2} 及其以上时,中稻氮肥农学利用效率最高,其次为双季晚稻,最低的是双季早稻。

2071—2100 年施氮量为 25～100 kg·hm^{-2} 时,双季早稻氮肥农学利用效率最高,双季晚稻最低,中稻居中;施氮量为 150～600 kg·hm^{-2} 时,中稻氮肥农学利用效率最高,双季早稻次之,双季晚稻最低;三者的氮肥农学利用效率均随着施氮量的增加而呈显著下降趋势。

(2)不同产量水平对应的灌溉量和水分利用效率

图 7.18 和图 7.19 分别为 2021—2050 年和 2071—2100 年双季稻、中稻不同产量和水分/灌溉水利用效率对应的灌溉量。由图可以看出,2021—2050 年双季早稻、双季晚稻和中稻产量随着灌溉量增加而提高,但三者水分利用效率和灌溉水利用效率变化趋势具有差异性:中稻水分利用效率随灌溉量增加而提高,而双季早稻和双季晚稻水分利用效率呈先提高后降低趋势;灌溉水利用效率在双季早稻、双季晚稻和中稻均表现为随灌溉量增加呈先提高后降低趋势,但降低的拐点差异较大,双季早稻在 140 mm、双季晚稻在 175 mm,而中稻在 388 mm。中稻灌溉水利用效率总体随灌溉量增加而提高的可能原因是由于中稻生育期处于高温期,加之未来气候情景下高温影响程度增大,缺水对水稻影响程度大于 1981—2010 年,且导致水稻出现较大减产。因此,水稻遭遇高温干旱危害之后再灌溉产量难以恢复。双季晚稻灌溉量在 170～270 mm、中稻在 200～380 mm,其灌溉水利用效率波动较小。同一灌溉方式下,双季晚稻水分利用效率最高;除了在 I_0 灌溉方式下中稻水分利用效率略高于双季早稻外,其余灌溉方式下均以中稻水分利用效率最低;双季早稻水分利用效率总体波动较小,波动最大的是中稻,其次为双季晚稻。不同灌溉方式下,灌溉水利用效率最高的仍是双季晚稻,除了在 I_0 灌溉方式下双季早稻灌溉水利用效率略高于中稻外,其余灌溉方式下均以双季早稻灌溉水利用效

率最低;从同一灌溉方式对应的灌溉量来看,中稻需要的灌溉量均高于双季早稻和双季晚稻,且双季晚稻高于双季早稻。

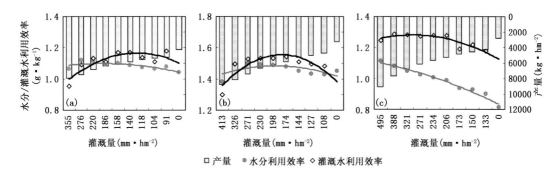

图 7.18　2021—2050 年双季稻和中稻不同产量和水分/灌溉水利用效率对应的灌溉量
(a)双季早稻;(b)双季晚稻;(c)中稻

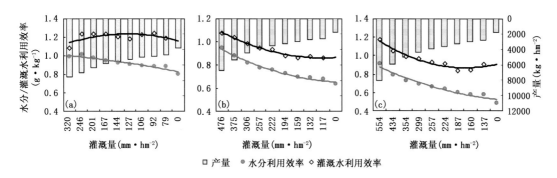

图 7.19　2071—2100 年双季稻和中稻不同产量和水分/灌溉水利用效率对应的灌溉量
(a)双季早稻;(b)双季晚稻;(c)中稻

2071—2100 年双季晚稻和中稻的灌溉水利用效率均随灌溉量的增加而提高,而双季早稻灌溉水利用效率在不同灌溉量下差异不大,与 1981—2010 年和 2021—2050 年两个时段变化趋势存在较大不同,其主要原因是 2071—2100 年温度进一步升高,干旱对水稻影响越来越明显,水层消失时间越长,其产量与雨养条件下产量差异越小,灌溉效益越小,这也是水稻灌溉量越多,其灌溉水利用效率越高的主要原因。双季早稻、双季晚稻和中稻的水分利用效率均随灌溉量增加而提高。同一灌溉方式下中稻水分利用效率均低于双季早稻和双季晚稻,而双季晚稻水分利用效率最高;双季早稻灌溉水利用效率均高于中稻和双季晚稻;在 $I_3 \sim I_9$ 灌溉方式下中稻灌溉水利用效率高于双季晚稻,而 $I_{12} \sim I_雨$ 灌溉方式下,中稻灌溉水利用效率低于双季晚稻。不同灌溉方式下,中稻需要的灌溉量分别较双季早稻和双季晚稻高 58～233 和 21～78 mm,但双季稻总灌溉量较中稻高 58～242 mm。

综上,2021—2050 年和 2071—2100 年双季早稻、双季晚稻和中稻因灌溉时间推迟的影响均大于 1981—2010 年,其中,受影响最大的是中稻,其次为双季晚稻,而双季早稻受到的影响相对较小。因此,在未来气候情景下,灌溉条件较差地区,中稻的减产幅度高于双季稻。

(3)双季稻和中稻的光温产量潜力比较

图 7.20 为未来气候情景下双季稻和中稻光温产量潜力。由图 7.20 可以看出,2021—

2050年和2071—2100年两个时段,光温产量潜力最高的均是中稻,敏感带平均分别为10821和9292 kg·hm^{-2};而双季晚稻光温产量潜力在2021—2050年高于双季早稻,在2071—2100年低于双季早稻;安徽、湖北和江苏均表现出同样的特征。双季稻(双季早稻+双季晚稻)的产量远高于中稻产量,2021—2050年和2071—2100年两个时段区域双季稻产量分别较中稻产量高7121和5969 kg·hm^{-2},敏感带各省均表现出同样的特征。

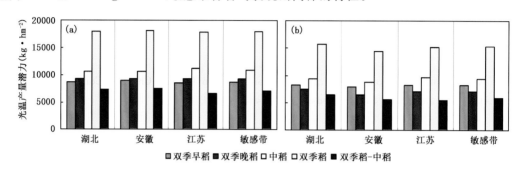

图7.20　未来气候情景下双季稻和中稻光温产量潜力
(a)2021—2050年;(b)2071—2100年

综上所述,未来气候情景下2021—2050年和2071—2100年,中稻产量高于双季早稻或双季晚稻,但明显低于双季稻产量。从保障国家粮食安全角度出发,敏感带种植双季稻更适宜。

7.5　小结

本章在水稻成本收益分析基础上,明确了历史和未来气候变化情景下,一年三熟种植敏感带典型区域种植双季稻和中稻的净利润以及"单改双"实现收益最大时对应的施氮量和灌溉方式,分析比较了双季稻和中稻的光温产量潜力、氮肥农学利用效率、水分利用效率、灌溉水利用效率和温室气体排放量,提出从粮食安全、经济效益和环境效益角度种植双季稻和中稻的适宜性。

参 考 文 献

黄季焜,王巧军,陈庆根,等,1994.探讨我国化肥合理施用结构及对策——水稻生产函数模型分析[J].农业技术经济(5):36-40.

黄季焜,王巧军,陈庆根,1995.农业生产资源的合理配置研究:水稻生产的投入产出分析[J].中国水稻科学,9(1):39-44.

黄耀,张稳,郑循华,等,2006.基于模型和GIS技术的中国稻田甲烷排放估计[J].生态学报,26(4):980-988.

国家发展和改革委员会价格司,1978—2008.全国农产品成本收益资料汇编[J].北京:中国统计出版社.

卢从明,张其德,匡廷云,1993.水分胁迫下氮素营养对水稻光合作用及水分利用效率的影响[J].中国科学院研究生院学报,10(2):197-202.

吕殿青,同延安,孙本华,等,1998.氮肥施用对环境污染影响的研究[J].植物营养与肥料学报,4(1):8-15.

田光明,何云峰,李勇先,2002.水肥管理对稻田土壤甲烷和氧化亚氮排放的影响[J].土壤与环境,11(3):

294-298.

石生伟,李玉娥,万运帆,等,2011. 不同氮、磷肥用量下双季稻田的 CH_4 和 N_2O 的排放[J]. 环境科学,32(7):1899-1907.

王若涵,2009. 水肥耦合对杂交中稻生理特性及氮肥利用率的影响[D]. 武汉:华中农业大学.

闫德智,王德建,林静慧,2005. 太湖地区氮肥用量对土壤供氮、水稻吸氮和地下水的影响[J]. 土壤学报,42(3):440-446.

张国梁,章申,1998. 农田氮素淋失研究进展[J]. 土壤(6):291-297.

张仁健,王明星,李晶,等,1999. 中国甲烷排放现状[J]. 气候与环境研究,4(2):194-202.

IPCC,2007. Climate Change 2007:Synthesis Report [R]. Contribution of Working Groups Ⅰ,Ⅱ and Ⅲ to the Fourth Assessment Report of the Intergovernmental Panel on Climate Change [Core Writing Team, PACHAURI R K and REISINGER A (eds.)]. Geneva:IPCC.